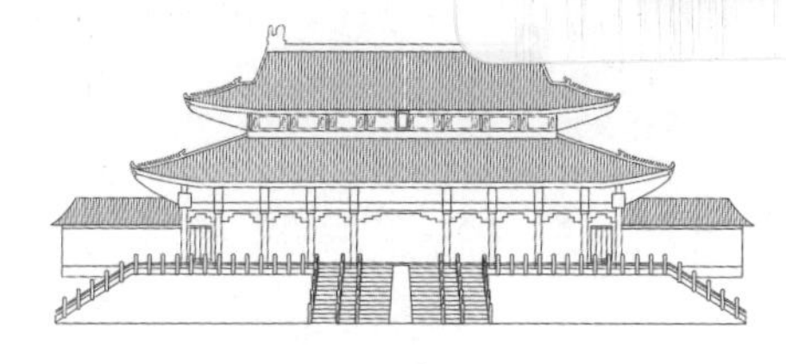

故宫建筑与艺术

白丽娟 著

中国建筑工业出版社

图书在版编目（CIP）数据

故宫建筑与艺术／白丽娟著．—北京：中国建筑工业出版社，2020.11（2022.3重印）

ISBN 978-7-112-25354-8

Ⅰ.①故… Ⅱ.①白… Ⅲ.①故宫－建筑艺术 Ⅳ.①TU-092.2

中国版本图书馆CIP数据核字（2020）第144104号

责任编辑：张幼平　费海玲
版式设计：锋尚设计
责任校对：姜小莲

故宫建筑与艺术
白丽娟　著
*
中国建筑工业出版社出版、发行（北京海淀三里河路9号）
各地新华书店、建筑书店经销
北京锋尚制版有限公司制版
北京富诚彩色印刷有限公司印刷
*
开本：880毫米×1230毫米　1/32　印张：7¾　字数：206千字
2021年2月第一版　　2022年3月第二次印刷
定价：68.00元
ISBN 978-7-112-25354-8
（36109）

前言

明代所建的皇宫有四处，其中由朱元璋开始建的皇宫有三处：1366年8月在应天城建立的吴王新宫，1367年9月完工，1368年正月朱元璋即皇帝位，入住新宫，这是明代第一个皇宫；1369年9月开始在凤阳营建中都，到1365年4月停建，历时六年；1365年9月建南京大内宫殿，1367年全部完工。另一处为1406年在北京开建的皇宫。以上所述四处，至今只有北京的皇宫得到基本完好的保存。

北京故宫是明清两代的皇宫，到清代灭亡为止，五百多年间不断重建、增建和改建，总体基本保存了明代格局。自民国以来，对故宫建筑的研究是多方面的，如研究建筑沿革、建筑布局、宫殿建筑艺术、宫中花园等，如对皇家建筑设计中体现《周礼》和《易经》学说的研究。其中对宫殿建筑艺术等领域的研究最为丰富，对建筑的沿革也有一定的考究，但各建筑的准确建设年代仍有待于深入探讨。在总体布局上，明、清两代都有局部的改变和变化，对宫殿建筑构造和实施细节的研究，还有许多空白的地方没有涉及。本人在故宫从事古建筑保护工作时，特别留意宫殿建筑的构造问题。在做“钟粹宫测绘”“寿皇门测绘和复建设计”等项目时，深入了解了木结构的构造情况；在做故宫的安全消防工程时，对故宫的建筑基础、庭院基础有了比较全面的了解。这种了解和认识是在故宫建筑的测绘、设计工作中得到的，有些体会是个人见解，还在故宫有关的刊物上发表了文章，有些写入了为北京工业大学编著的教材《清代官式建筑构造》与《古建清代木构造》中。在此之外，对故宫建筑中的有些问题还有一些看法和理解，整理出来都辑在本书中；对建筑上的斗栱最近也有一些新的认识，因此录入作为本书的一章。

文中所述的尺度，除本人直接测绘以外，其余都是依故宫平面图（北京市规划设计院1978年的1：500测绘图）、民国31年（1942年）的一些测绘图，以及在工作中所积累的零星资料等为据。所分析的问题，仅为个人所得，供读者评论。

编写本书的目的，是为贺故宫建筑六百岁。在编写期间，恰是在故宫从事古建筑保护的两位先师单士元先生诞辰110年、于倬云先生诞辰100年纪念期间，那么本书也可作为对两位前辈的纪念吧！

目录

第一章

故宫主要建筑的沿革

故宫宫殿建筑是在明代建成的，直到清代灭亡的五百余年中，建筑总平面布局变化较多的部位是在建筑群后部的东西两侧，中轴线上的主体建筑序列基本没有变动（建筑物的体量略有变化，如太和殿）。由于历史的原因，其变化中有许多的记载欠清晰，或是有意含糊，所以很多建筑物依文献记载说不清是明代的还是清代的。本书以现存建筑物为主，凡据明、清史书和文献记载，可以确定其毁坏和复建时代的，以文献确定其年代；没有毁坏时间，只有重建记载的，则参照明代刘若愚《酌中志》中所述的宫殿名称和位置来界定；凡《酌中志》中所述的宫殿与《国朝宫史》中的宫殿名称一致的，且《国朝宫史》中没有明确说辞的，再依工程法式特征确定为明代的建筑物。目前也只有这粗线条的界定。所有建筑的详细建设的时间表，尚有待于逐一详查再确定。

一、紫禁城城墙和门楼、角楼

据《明史·地理志》："永乐四年（1406年）闰七月，建北京宫殿，修城垣，十九年正月告成，宫城周六里一十六步，亦曰紫禁城。门八，正南第一重曰承天，第二重曰端门，第三重曰午门，东曰东华，西曰西华，北曰玄武。"[①]午门现在是紫禁城的正门，永乐十三年（1415年）正月壬子，北京午门灾[②]，到永乐十八年（1420年）大工基本完成。作为正门的午门和东华门、西华门、玄武门（清康熙年间改名神武门），还有城墙上的四座角楼均是建城池时代完成的，应是明代的建筑物。历年虽有维修，但建筑物的体量、形制、材料均未有变化。（图1–1）

午门楼：明嘉靖三十六年（1557年）烧毁，嘉靖三十七

①《明史》卷四十，中华书局，1974年，第一版第884页。
②《明史·成祖纪》

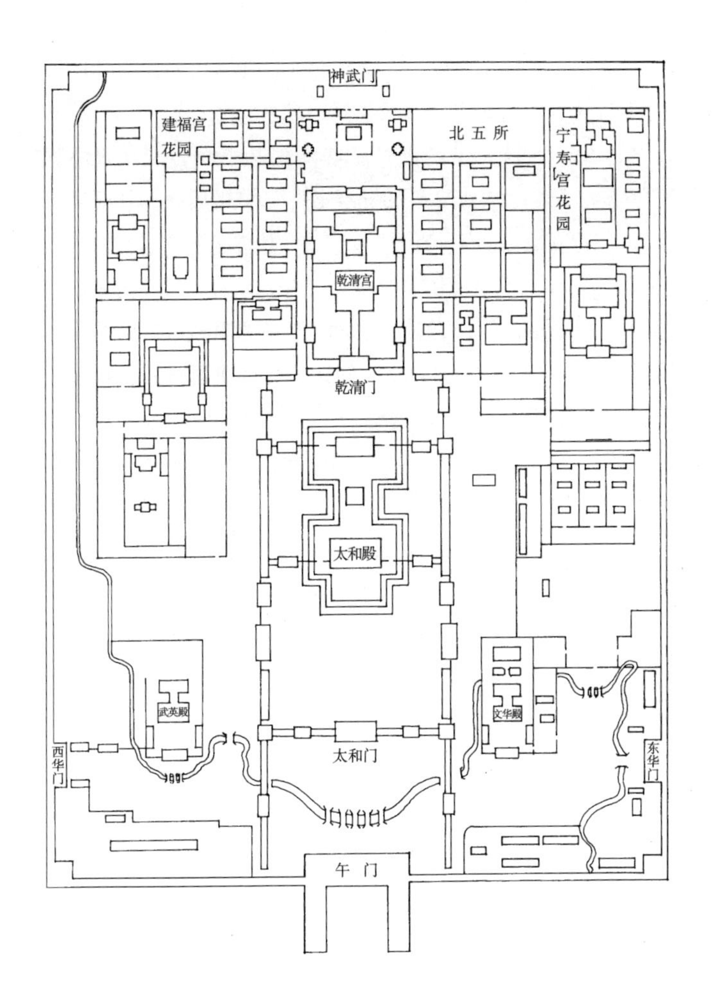

图1-1
故宫总平面简图

（1558年）年再建，三十八年（1559年）建成。《明史·世宗本纪》万历元年（1573年）九月庚寅，修午门正楼及左右阙门[①]。此后明代再没有见到毁坏和重修等记录。清代《日下旧闻考》《国朝宫史》等均载顺治四年（1647年）建，是重建还是维修，没有叙述。在《东华录》中有顺治四年十一月戊午五凤楼成的记载。如果是建五凤楼，绝不会在一年内完

① 摘自《单士元集》（第二卷），引自《神宗实录》。

工，由此分析应是维修，且工程量不是很大。这样分析，午门楼的主体木构架应是明代嘉靖时期的遗物。

西华门城楼：曾记载“嘉靖十年（1532年）六月雷击德胜、午门角楼，及西华门城楼角柱”[①]“万历二十二年（1594年）六月己酉，雷雨，西华门灾”[②]。受灾的程度未见记载。万历二十四年（1596年）闰八月己巳，西华门城楼竣工[③]。在20世纪60年代普查时发现，这里的大木结构和法式依然保留了明代手法和楠木材质，说明雷击并没有将建筑彻底毁坏，应只是局部受损，仍界定为明代初期的建筑。

东华门城楼：始建于明永乐年间，曾在20世纪对外檐彩画进行了维护，21世纪初进行了屋顶维修。尚未见到明、清以来的维修记录。

神武门城楼：保留了明代初建时的构架。

四座角楼：西北角楼在20世纪50年代维修时，发现其为明代初建时的原构架；西南角楼在20世纪80年代末维护时，木结构仍旧保留了明代的构架；东北角楼基本保留了明代的构架；东南角楼在民国时期曾进行了维修，20世纪80年代维护时发现有些木构件被替换，可能是将原有的楠木构件替换了，甚至有用残损的木料拼接的情况。这些拼接的构件对建筑物的安全没有威胁，应是厂商所为。

二、外朝建筑物：建与毁的时间

（一）三大殿

灾情记录

明代经历了三次火灾，三次重建。奉天殿、华盖殿、谨身殿（明初的名字，即现在的太和殿、中和殿、保和殿）三

---

① 《明史 · 五行志》
② 《明史 · 神宗纪》
③ 摘自《单士元集》（第二卷），引自《神宗实录》。

殿建成于永乐十八年（1420年）十二月。

明永乐十九年（1421年）夏四月庚子三殿灾[①]；正统五年（1440年）戊申建北京宫殿（应是奉天、华盖、谨身三殿），正统六年（1441年）十一月，三殿重建完成[②]；由烧毁到再建成历经二十年。

明嘉靖三十六年（1557年）夏四月丙申，奉天殿、华盖殿、谨身殿三殿灾[③]，文、武二楼（即现在的体仁阁、弘义阁），午门，奉天门（即现太和门）俱灾；嘉靖四十一年（1562年）秋九月壬午，三殿再建完成。奉天殿、华盖殿、谨身殿改名为皇极殿、中极殿、建极殿[④]。

明万历二十五年（1597年）夏六月戊寅，皇极、中极、建极三殿灾[⑤]。火起归极门，延皇极等殿，文昭、武成二阁（即现在的体仁阁、弘义阁），周遭廊房一时俱烬[⑥]；万历四十三年（1615年）闰八月庚戌，再次重建三殿[⑦]。天启六年（1626年）九月壬辰皇极殿成[⑧]。天启七年八月戊戌中极、建极二殿成[⑨]。这次烧毁再建，历经三十年。

清康熙八年（1669年）重建太和殿[⑩]。自明末到康熙八年间没有太和殿毁坏的记录，应不是重建，而是维修。康熙十八年（1679年）太和殿灾，到康熙三十四年（1695年）再建太和殿，三十七年竣工。现存的太和殿是清代康熙年间三十七年修成的建筑。

清乾隆二十三年（1758年）贞度门、熙和门烧毁，又

---

① 《明史·成祖本纪》
② 《明史·英宗本纪》
③ 《明史·世宗本纪》
④ 《明史·世宗本纪》
⑤ 《明史·神宗本纪》
⑥ 《神宗实录》
⑦ 《明史·神宗本纪》
⑧ 《明史·熹宗本纪》
⑨ 《明史·熹宗本纪》
⑩ 据《日下旧闻考》。

二十三年重建。[①]本条目中之前没有毁坏记录，且在同一年建成，疑为维修，而不是重建。

清乾隆四十八年（1783年）六月体仁阁灾，七月重建。[②]灾情不清，当年重建可能性不大，维修是有可能的。

清光绪十四年（1888年）十二月十五日夜，太和门等门座被火，火起贞度门，向东延烧太和门、昭德门以及各栋之间的廊庑。光绪十五年（1889年）重建。

现存前三殿时代：

太和门是清光绪年间的建筑；太和殿是清康熙三十七年（1698年）复建的建筑；中和殿是明天启五年至七年（1625～1627年）的建筑；保和殿应是明万历二十五年（1597年）的遗物[③]。现存的协和门（即明代会极门）、熙和门（即明代归极门）、体仁阁、弘義阁（即明代文成阁、武昭阁）与周边的廊庑应都是天启年间（1621～1627年）的建筑物。

（二）前朝文华殿、武英殿及附属于外朝的主要建筑

前朝中的左辅右弼即文华殿、武英殿。

文华殿：建于明永乐年间，明代初年是东宫太子出阁读书之所，屋顶采用绿色琉璃瓦。嘉靖十五年（1536年）易黄瓦。“李闯乱后，殿被毁。”[④]康熙二十二年（1643年）重建。

文渊阁：位置在文华殿北，乾隆三十九年（1774年）建。

传心殿：始建于明，“文华殿之东，曰神祠，内有一井，每年祭司井之神于此”[⑤]；又《清宫述闻》载，康熙二十四年（1645年）规建传心殿。这一次是维修还是重建？未查找到有关文献记载，其建造年代存疑。

箭亭：“顺治四年（1667年）七月，建射殿于左翼门

---

① 引自《紫禁城宫殿》一书中的“紫禁城宫殿建筑大事年表”。

② 引自《紫禁城宫殿》一书中的“紫禁城宫殿建筑大事年表”。

③ 于倬云：《紫禁城建筑研究与保护》，载《故宫博物院院刊》1990年3期。

④ 见《清宫述闻》。

⑤ 见《酌中志》卷十七。

外”，[①]应是箭亭初名射殿。

武英殿：始建于明，规制如文华。康熙十九年（1640年）始，以武英殿内左右廊坊共六十三楹为修书处[②]。

“清同治八年六月二十一日夜（1869年7月29日），武英殿东库房烟锅起火，延烧宫门、主殿、前后殿及东西配殿各五间，浴德堂正殿，东西小库房及南小库房各三间，共计三十七间。”[③]《清宫述闻》载：“同治八年（1869年），武英殿灾，延烧三十余间。重修时，派文勤估工程。”“西配殿及附近各处无恙。同年修。”[④]对这次火灾的实情以及维修情况，现有文献没有反映实际烧毁情况。

光绪二十七年（1901年）四月，奕劻、李鸿章致西安军机处电：“美、日兵官护禁城，严禁中外人出入。十九日夜，武英殿之灾，救护甚力，幸未延烧。”对这次火灾的情况，据方裕谨先生在《紫禁城学会论文集》中《清政府最后一次盖武英殿》所述：“光绪二十七年四月十一辰初（1901年6月4日早7时许）武英殿雷击起火，延烧主殿、前后殿、西配殿、西配房后东配房各五间，浴德堂正殿六间共计三十一间。”武英殿在同治八年（1869年）与光绪二十七年（1901年）两次火灾所烧毁的建筑物是同样的，其记录的损坏情况几乎是相同的，因此有两个疑点：一是怀疑同治八年是维修，还是清理火灾现场；二是怀疑光绪二十七年的灾情没有达到同治年间所烧毁的状况，如电文“十九日夜，武英殿之灾，救护甚力，幸未延烧。”所以光绪二十七年雷击起火所燃烧的范围不可能与同治八年的灾情相同。为了修建完整武英殿建筑群，有可能将光绪年间的火灾、同治年间的火灾情况混合在一起叙述了。总之，对这两次灾情的叙述完全

---

① 见《清宫述闻》。

② 见《内务府册》。

③ 方裕谨：《清政府最后一次盖武英殿》，《紫禁城学会论文集》第六辑

④ 见《清宫述闻》。

一样，值得怀疑。

光绪二十八年（1902年）十一月二十八日开工复建武英殿地区建筑，光绪三十三年（1907年）十月二十一日完工，这是清代最后一次维修皇宫。依此是否就可以确定武英殿的复建时间呢？

南薰殿：始建于明代，清代沿用。木结构与彩绘均保留了明代特色。

三、内廷建筑

（一）后三宫

明代

乾清门：始建于明永乐年间，成化十一年（1475年）四月灾。①

乾清宫、坤宁宫：明永乐十五年（1417年）建乾清宫。②明代乾清宫、坤宁宫曾三次重建。永乐二十年（1422年）十二月闰月戊寅，乾清宫灾③。正统六年（1441年）十一月，乾清、坤宁两宫建成④。正德九年（1515年）正月庚辰，乾清宫灾⑤；十二月甲寅，建乾清宫⑥；十六年（1521年）十一月甲戌，乾清宫成⑦。万历二十四年（1596年）三月乙亥，乾清、坤宁两宫灾⑧；万历三十年（1602年）二月甲申，重建乾清宫、坤宁宫⑨。万历三十二年（1604年）三月甲子，乾清宫成⑩。

交泰殿：明嘉靖年间添建。嘉靖十四年（1535年）七月

---

①《单士元集》（第一卷）
②《明典汇》
③《明史卷七·本纪第七·成祖三》
④《明史·卷十·英宗前纪》
⑤《明史·本纪卷十六·武宗纪》
⑥《明史·本纪卷十六·武宗纪》
⑦《明史·本纪卷十七·武宗纪》
⑧《明史·本纪第二十·神宗一》
⑨《明史·本纪第二十一·神宗二》
⑩《明史·本纪第二十一·神宗二》

初二更名添额[①]。

清代

据《国朝宫史》和《日下旧闻考》载，乾清宫于顺治十二年（1655年）建，康熙八年（1669年）重建。乾清宫和坤宁宫在明万历三十二年（1604年）重建后没有再受灾的记录，清代对乾清、坤宁二宫也只是维修。顺治十二年（1655年）和康熙八年（1669年）重建，理应是维修和装饰，而不是建或重建。

“乾清宫于嘉庆二年（1797年）孟冬二十一日弗戒于火，……今年仲秋，甫十阅月，大工重建告成，鸿规巨制，一切复还旧观，办理甚为妥速。”[②]又《清史稿》载：嘉庆三年（1798年）二月丙子，京师乾清宫火。[③]受灾时间记载有矛盾。

坤宁宫在明万历三十二年（1604年）重建后没有被毁的记载，据《日下旧闻考》载：“坤宁宫顺治十二年建”，看来有误，清初将“维修”也说成建。清嘉庆年间的乾清宫火灾并没有烧到坤宁宫，那么从记载的连贯性看，坤宁宫应是明代万历三十二年重建的建筑。清代只是按照满族的习俗重新装修了。

结论

乾清宫、交泰殿是清嘉庆年间重建的建筑，坤宁宫是明代万历时重建的建筑。以上建筑物的年代仅只依明、清宫史和其他文献记载所认定。

（二）宫后苑

明代称宫后苑，也就是现在的御花园。初建时的布局并不清晰。到嘉靖八年（1529年）十月癸未，有西七所房灾的记录[④]；又据《世宗实录》：“嘉靖十四年十月丙午修建启祥

---

① 《单士元集》（第一卷）《明北京宫苑图考》
② 《国潮宫史续编》卷五十四
③ 《清史稿》卷四十一《志十六 · 灾异二》
④ 《世宗实录》

宫成。又启祥宫皇考诞生故宫也。初，上又以文祖建钦安殿，祀真武之神，诏特增缭，作天一门，及大内左右诸宫，益加修饬，至是皆告成。”据考证，七所即现五所向中心延伸至钦安殿的房屋[①]。这样看来在嘉靖十四年（1535年）为钦安殿增加了围墙和天一门，并增缭炉，对钦安殿本体并没有作任何工程。为建围墙，才拆去东西两侧各两所。在围墙外的空地有什么建筑没有叙述。

明万历十一年（1583年）闰二月二十五日，拆去观花殿四神祠。叠垛石山子，券门石匾名“堆秀”；山上盖亭子一座，牌名“御景亭”；东西两边鱼池二，池上盖亭子，东边牌名“浮碧亭”，西边牌名“澄瑞亭”。[②]由这段记载看，观花殿和四神祠应在堆秀山的位置。《日下旧闻考》卷三十五“宫室”叙述：“钦安殿门曰天一之门，嘉靖十四年（1535年）添额，有万春亭、千秋亭。嘉靖十五年（1536年），添对玉轩。嘉靖十四年，更玉芳轩。四神祠、观花殿，万历十一年（1583年）毁之，垒石为山，中作石门，匾曰堆秀，山上有亭曰御景。东西鱼池，池上二亭，左曰浮碧，右曰澄瑞。又有清望阁（现延晖阁）、金香亭（现凝香亭）、玉翠亭（现毓翠亭）、乐志斋（今养性斋）、曲流馆（待考）。”这些在钦安殿左右的建筑，是万历十一年（1583年）修建的。以后没有对清望阁、金香亭、玉翠亭、乐志斋、曲流馆的损毁、修复或重建的记载。初建时，进入宫后苑的门有“东南曰琼苑东门，西南曰琼苑西门”[③]。现存的坤宁门原为广运门[④]（坤宁宫北庑正中的一间，称广运门）。原坤宁门的名额在御花园的北宫墙，“嘉靖十四年秋更名曰顺贞门”。

---

① 杨文概：《北京故宫乾清宫东西五所原为七所辨证》，《紫禁城学会论文集》（第一辑）

② 摘《春明梦余录》卷之六。

③ 见《酌中志》卷之十七。

④ 见《宸垣识略》。

现存御花园中的钦安殿、千秋亭（清代有维修的痕迹，有待于详查工程档案）、万春亭应是明初永乐时的建筑，堆秀山、御景亭、浮碧亭、澄瑞亭等建筑物最晚也是明代嘉靖、万历年间的建筑物。据内务府奏案记载，清乾隆十九年（1754年）曾将养性斋改建为转角楼，明代的养性斋是何式样，已不可考。

（三）东西六宫

始建于明代，明代只有宫殿名称的变化。现将名称的变化列出，见表1–1。

东西六宫名称变更情况　　表1-1

现在殿名	原名（明初）	变更名	备注
景仁宫	长安宫	景仁宫	明嘉靖十四年（1535年）变更
延禧宫	长寿宫	延祺宫	明嘉靖十四年（1535年）变更
承乾宫	永宁宫	承乾宫	崇祯五年（1632年）变更
永和宫	永安宫	永和宫	明嘉靖十四年（1535年）变更
钟粹宫	咸阳宫	钟粹宫	明隆庆五年变更
景阳宫	长阳宫	景阳宫	明嘉靖十四年（1535年）变更
永寿宫	永寿宫，长乐宫	万寿宫	明嘉靖四十年（1561年）焚毁后重建称万寿宫，四十一年（1562年）重建成。万历四十四年（1616年）更名永寿宫（《明史・本纪》第十八“校勘记”）
太极殿	未央宫	启祥宫	明嘉靖十四年（1535年）更名太极殿，时间不详
翊坤宫	万安宫	翊坤宫	明万历四十三年（1615年）变更
长春宫	长春宫	永宁宫	明万历四十三年（1615年）改回长春宫
储秀宫	寿昌宫	储秀宫	明嘉靖十四年（1535年）变更
咸福宫	寿安宫	咸福宫	明嘉靖十四年（1535年）变更

明代对东西六宫的维修或重建在宫史中没有记载，清代在《日下旧闻考》中讲到东西六宫时，将东西六宫都记载为清初顺治、康熙年间重建建筑（表1–2）。

清顺治、康熙年间重建宫殿 表1-2

东六宫	重建时间	西六宫	重建时间
景仁宫	顺治十二年（1655年）重建	永寿宫	顺治十二年（1655年）重建
承乾宫	顺治十二年（1655年）重建	翊坤宫	顺治十二年（1655年）重建
钟粹宫	顺治十二年（1655年）重建	储秀宫	顺治十二年（1655年）重建
延禧宫	康熙二十五年（1686年）重建，道光二十五年（1845年）烧毁，咸丰五年（1855年）又灾，宣统年间（1909~1911年）修水殿曰灵沼轩，未完工	启祥宫	康熙二十二年（1683年）重建
永和宫	康熙二十五年（1686年）重建	长春宫	康熙二十二年（1683年）重建
景阳宫	康熙二十五年（1686年）重建	咸福宫	康熙二十二年（1683年）重建

晚清时西六宫有两次大的改动：一次是嘉庆年间，拆了长春门，建了体元殿；一次是拆了储秀门，建了体和殿。

东西六宫的宫殿中仍保留了明初永乐时期木构造的做法和特点，清代所述的重建只是维修，或者是因日常居住所需而做了必要的装修，记录中一概写为重建可能是有意。

据多年前普查，东西六宫的主体建筑仍保留明代初期木构架做法的建筑物有钟粹宫、景仁宫、储秀宫、长春宫、翊坤宫、太极殿等。

在这里还应讲一下乾东五所和乾西五所。乾东五所即现在的北五所，清代已改为如意馆、寿药房、敬事房、四执库、古董房；乾西五所里的二所是清乾隆为皇子时的居所，继位后，于乾隆五年（1740年）改建为漱芳斋、重华宫、重华宫厨房、建福宫和花园。此处建筑在溥仪出宫前烧毁，现存建筑群是20世纪末到21世纪初复建的。

（四）东六宫以东：斋宫、毓庆宫、天穹宝殿、奉先殿

斋宫：清雍正九年（1731年）建（即明代的崇光殿，位置见《酌中志》），嘉庆六年（1781年）重修斋宫。

毓庆宫：清康熙十八年（1659年）建，乾隆五十九年（1794年）修。[①]据《国朝宫史续编》："毓庆宫系康熙年建，为皇太子所居之宫。""乾隆年间予兄弟及姪辈自六岁入学，多有居于此宫。"

天穹宝殿：位置在茶库、锻库之北，西侧是景阳宫，东侧即宫墙。这是一座道教的佛堂。据《日下旧闻考》载："天穹宝殿祀昊天上帝。"又《清宫述闻》载："天穹宝殿，原玄穹宝殿，清顺治时改建后，以避讳改曰天穹宝殿。"没有见到这座建筑的始建记载与维护等记录。早年间普查时曾到殿内勘察，印象中是明代建筑。其准确纪年，尚有待于进一步深查。

奉先殿：明永乐十五年（1417年）十一月始建奉先殿[②]，清顺治十四年（1657年）敕建奉先殿前后殿各七楹，康熙十八年（1659年）重建奉先殿，雍正二年（1724年）重修奉先殿。[③]奉先门外院东端是明嘉靖五年（1526年）建的崇先殿，在此扩建院墙后形成现在的格局。[④]

（五）西六宫以西：养心殿、雨花阁、中正殿

养心殿：始建于明嘉靖十六年（1537年）[⑤]，清代沿用，雍正、乾隆年间不断添建、维护、装修，对室内进行多次改造。

雨花阁：自成一区，由今春华门（原名凝华门）进入，依次为雨花阁、昭福门、宝华殿、香云亭、中正殿。[⑥]雨花阁所

---

① 斋宫、毓庆宫原址为明之宏孝、神霄等殿，见《宸垣识略》《日下旧闻考》。
②《春明梦余录》
③ 摘自《单士元集》第一卷，摘自《清会典》。
④ 见于倬云《紫禁城建筑研究与保护》，载《故宫博物院院刊》1990年第3期。
⑤《明世宗实录》
⑥ 在《清宫述闻》里讲雨花阁的原址是隆德殿，中正殿的前期也改名为隆德殿，到底哪座是明代的隆德殿仍有待于进一步探讨。

在的位置是明代的隆德殿[1]，乾隆十四年（1749年）兴修，在原建筑上加层，“成造台锓铜塔、铜龙及铸料、瓦片、脊料”[2]等。又乾隆三十年（1765年）左右“前楼盖抱厦一座，即三间。上瓦黄边翡翠色琉璃脊瓦料。西边添建楼一座计三间，上瓦黄边绿色琉璃脊瓦料”。[3]集上述资料，可以得出雨花阁现状是在乾隆三十年后才成型的。但有个问题没有描述清楚：雨花阁原址是明代的哪座殿宇？按照《清宫述闻》来讲是在隆德殿上加建上层和抱厦，又加了周围的擎檐柱，形成了外走廊。[4]

中正殿：始建于明代，旧名玄极宝殿《酌中志》称立极宝殿[5]。嘉靖四十五年（1566年）改建玄极宝殿，隆庆元年（1567年）夏更名隆德殿，万历四十四年（1616年）十一月己巳夜隆德殿灾[6]。天启七年下令重建隆德殿。崇祯六年（1633年）四月十五日更名中正殿。天启七年三月己巳兴工，四月癸丑完工。重建仅只一个月的工期，可见对大火烧毁的建筑没有复建，只是清理了火灾现场。所以在以后刘若愚的《酌中志》中有五座建筑，正殿应是中正殿，“东配殿曰春仁，西配殿曰秋義，东顺山曰有容轩，西顺山曰无逸斋”。东、西顺山房是正殿的耳房，还是东、西配殿的一侧耳房，尚不清楚，唯独没有院中十字平面的建筑。清乾隆年间的京城全图中，也没有中间的十字平面的殿宇[7]。据《奏

---

① 《清宫述闻》

② 摘自《清宫述闻》《内务府奏销档》：“报销折开铜塔一座，高九尺四寸。铜龙四条，各长一丈三尺。锁子四条，勾滴迎面云龙二百七十六件，筒瓦九百六十四件，勾头一百四十件，滴水一百三十六件，板瓦二千六十六件，帽钉一百三十二个等项共实用过红铜一万四千五百五十五斤三两，黄铜把钱六百六十三斤七两五钱，工料银四千二百三十一辆七分七厘。”

③ 见《清宫述闻》乾隆三十二年正月。

④ 此殿址是明代的哪座建筑，尚待考。中正殿在明代也是隆德殿，对两个不同位置的隆德殿有待于进一步探查。

⑤ 《酌中志》卷之十七

⑥ 《明神宗实录》卷五五一

⑦ 乾隆十年至十五年（1735～1750年）绘制的《京城全图》

销档》记载："中正殿四面抱厦重檐亭一座，前殿后檐添建抱厦一间，并油饰、彩画、找墁地面、甬路、散水。……遂细销算通共银七千六百三十六两七钱八分四厘。乾隆十三年十月十五日具奏旨：知道了，钦此。"[①]由此看来，如原有香云亭也只是四方亭[②]，但未形成十字形平面，只有在四面加建抱厦后，才成为十字形平面。《奏销档》中"建四面抱厦重檐亭"可以理解为中央是圆顶的建筑，此是在乾隆十年至十三年间（1745～1748年）形成的。在香云亭的南北砌筑甬路，并在宝华殿后加添抱厦，院落才构成了坛城的格局。而在乾隆十年（1745年）开始绘制《京城全图》时，尚无此亭，在乾隆十五年（1750年）图纸完工时也没有再添加此亭。

中正殿和香云亭一组的建筑物是跟随建福宫花园的建筑一起烧毁的。时间是在溥仪出宫前。[③]1999年复建建福宫花园，其后又复建了中正殿一区，2006年完工。

四、中轴线东部与西部

（一）东部：南三所、宁寿宫

南三所：据《清宫史续编》载，撷芳殿是南三所的统称。始建于乾隆十一年（1746年）[④]，是清代皇子的居所。

宁寿宫建筑群：包括皇极殿、宁寿宫及后部的养性殿、乐寿堂、颐和轩、宁寿宫花园和畅音阁戏台等建筑，乾隆三十六到四十一年间（1771～1776年）的作品。庭院布局、建筑式样、内部装修等基本保留了清代原状。

---

① 《奏案05-0096-027》《总管内务府大臣三和奏为销算恭建中正殿抱厦成塑佛像用过银两并找领银两事》。此档是乾隆十三年十月十五日的。

② 四方亭的建造年代尚不清。

③ 1913年6月23日深夜火灾烧毁。

④ 据乾隆三十一年（1766年）内务府奏销档记："查撷芳殿改建三所房间，系乾隆十一年三月内兴工，次年竣工，迨今二十年未加粘修。"摘自单士元《故宫南三所考》。

（二）西部：慈宁宫和花园、寿康宫、寿安宫、英华殿

慈宁宫：“嘉靖十五年（1536年）以仁寿宫故址并撤大善殿建慈宁宫，十六年（1537年）七月工成。”[①]“万历十一年（1583年）十二月庚午，慈宁宫灾。十三年（1585年）六月慈宁宫成。”[②]“顺治十年（1653年）建，乾隆十六年（1751年）重加修葺。”[③]

慈宁宫花园内的明代建筑：咸若馆和临溪亭，建于明万历六年至三十一年（1578～1603年）。[④]现存的其他建筑物均为清代乾隆时期添建。

寿康宫：据《国朝宫史续编》载：“乾隆元年（1736年）十月上旨寿康宫。”据内务府《奏销档》中记载：“恭建寿康宫择吉于雍正十三年（1735年）十二月初四日兴修，至乾隆元年（1736年）十月二十四日告成，皇上钦拟寿康宫嘉名。”此是乾隆皇帝为生母崇庆皇太后建造的寝宫。[⑤]

寿安宫：原明咸熙宫，嘉靖十四年（1535年）改咸安宫。乾隆十六年（1751年）为生母崇庆皇太后举办六十寿典对咸安宫进行了大规模的改建；乾隆二十五年（1760年）为母后七十寿辰添建三层戏楼；嘉庆四年（1799年）拆掉戏楼。[⑥]

英华殿：始建于明代，名隆禧殿，隆庆元年（1567年）更名英华殿。

从宫殿的建筑沿革中可见，建筑群的中轴线上基本没有改动，这是沿袭礼制所建，不宜大动干戈。而修改最多的是在内廷部位，即宫殿的东北部和西北部，在清康乾时期改建的比较多，这也能反映出当时的经济、技术的发展为其改建和添建提供了经济和物质条件。

---

① 见《明会典》。
② 《明史·神宗·本纪》
③ 见《日下旧闻考》。
④ 《明史·神宗实录》卷383
⑤ 常欣：《慈宁宫区建筑述要》，摘自《中国紫禁城学会会刊》总第三十七期。
⑥ 同上。

第二章

总体布局中的变化

现存故宫建筑的总体格局仍保留了明永乐初建时的布局，以后各代虽有维修、改建（大都是局部的改建），但整体布局并没有太多的变化。清代所进行的局部改建和添建，更多的是建筑装修和装饰工程。

一、明代一些建筑物所在位置略考

（一）明代文渊阁

在内阁大堂西侧院墙外的地面上存有几个平柱础，据说是明代文渊阁的遗物。对此单士元先生曾在《故宫博物院院刊》1979年第二期发表《文渊阁》一文，认为明代没有文渊阁这个建筑物。现将我对其认识说明如下。

《国朝宫史》载："明代置文渊阁，其地在内阁之东，规制庳陋。又所储书帙，仅以待诏、典籍等官司其事。职任既轻，散帙多有。逮末叶而其制尽废，遗址仅有存矣。"由这段记载看，要找文渊阁，就要先找出内阁来，如果是两座建筑，应相隔不远。又《日下旧闻考》载："文渊阁在午门之内迤东，文华殿南，砖城凡十间，皆覆以黄瓦。西五间中揭文渊阁牌，牌下置红柜，藏实录副本。"又"文渊阁在奉天门东庑之东，文华殿之前，前对皇城，深严禁密，百官莫敢望焉。"依据这些记载看，清内阁大堂一带正是明代文渊阁所在地。位在奉天门（今太和门）东庑之东，文华殿之前，面对紫禁城的南城墙。

明代文渊阁是怎样的？周围环境以及涉及的内阁在哪里？《春明梦余录》卷二十三载："大学士直舍，所谓内阁也。在午门内东南隅外，门西向，阁南向，入门一小坊，上悬圣谕。过坊即阁也。初制，规模甚狭。嘉靖十六年（1537年），命工匠相度，以文渊阁中一间恭设孔圣暨四配像，旁四间各相间隔，而开户于南，以为阁臣办事之所。阁东诰敕房，装为小楼，以贮书籍。阁西制敕房。南面隙地添造卷棚三间，以处各官书办，而阁制始备。”又“永乐初，开内阁于东角门，简翰林待诏解缙为侍读，中书舍人黄淮、王府审理杨士奇为编修，进修撰胡广为侍读，编修杨荣为修撰，户科给事中金幼孜、桐城知县胡俨为检讨，入直文渊阁办事，以备顾问。”又“永乐初，选翰林文学之臣六七人直文渊阁，参典机务……而选能书者处以阁之西小房，谓之西制敕房，诸学士则居阁之东楹，专管诰敕……”又“东阁五间，夹为前后十间，前中一间供先圣位，为诸辅臣分本公叙之所。阁辅第四员以下则居后房，虽白昼亦秉烛票拟。”积上所述，将文渊阁和东阁一起描述：这里是一座十间通脊的房屋，面南，硬山式建筑，黄琉璃瓦顶。西部五间为文渊阁，并有院墙围起来，院内建有一座三间卷棚顶式南房，东墙上开一小门，为住在东阁办公的人进入文渊阁办事方便。东部的五间房屋均设有隔断分开，且南北也加设隔断，位居北侧的房间，则要秉烛办公。文渊阁院内有石台花池，是明代宣德帝命建的，池中种植澹红芍药，是院中唯一点缀。景泰年间芍药花盛开，众贤赋诗，汇成《玉堂赏花诗集》。由此可见庭院布置极其简单。成化年间（1645 ~ 1487年）“以西五间居阁下，谓之文渊阁，以东五间藏书籍”。这就是说到成化时，东五间是作为藏书之地，并没有特建的文渊阁建筑，只是在西五间中挂上“文渊阁”牌而已（图2-1）。

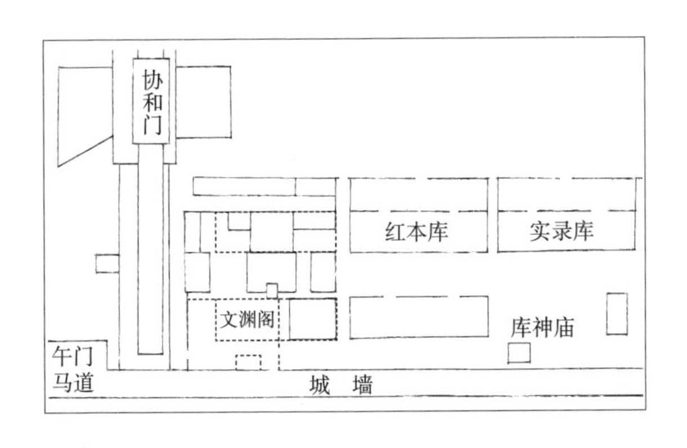

图2-1
明代成化时期文渊阁位置示意图

本图依据《国朝宫室》《日下旧闻考》《春明梦余录》等所绘，图为20世纪50年代时，未扩宽协和门以南的通道时的状况，虚线代表明代初时这里有两栋库房的位置，是与红本库等相似的库房；靠南的一栋库房，室内有隔墙分为两部分，西侧的房内悬有“文渊阁”牌。说明当时没有专建“文渊阁”建筑。

图2-2
内阁大堂西侧院内遗留的柱础

此柱础证明此地原有南北两栋与红本库等建筑同样式的库房。

现内阁大堂西侧地面遗留的柱础，原以为是明代文渊阁遗址，依上所引《春明梦余录》，可判断不是明代文渊阁的础石，因为建筑与南城墙间的距离有34～35m，不能称为“隙地”；这里应该原有并排的南北两座库房，现所见的平柱础应是北面的库房。而南面的一栋才是文渊阁，其前“隙地”不足10m，前对皇城（应是紫禁城的南墙）。这里并列的两栋库房应与东侧红本库、实录库是同样的建筑。这才符合《日下旧闻考》所述（图2–2）。

（二）慈庆宫遗存

慈庆宫在东华门以北现存三座门以北的地区。现三座门的位置是明代徽音门的位置，此门座是进深两间的殿宇门座。门座进深依1990年实施安防工程时所挖沟槽内建筑

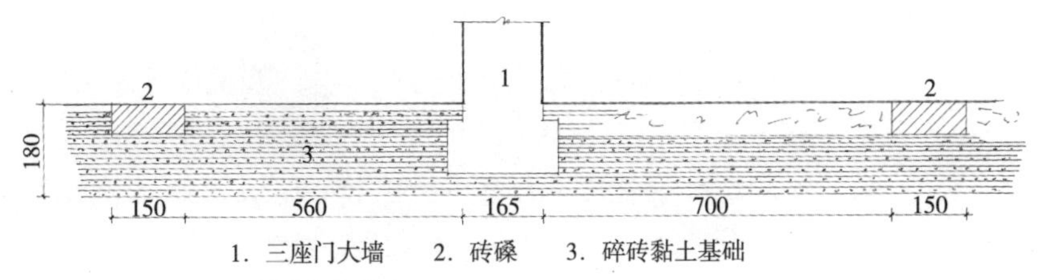

图2-3　明代徽音门遗址基础实测图

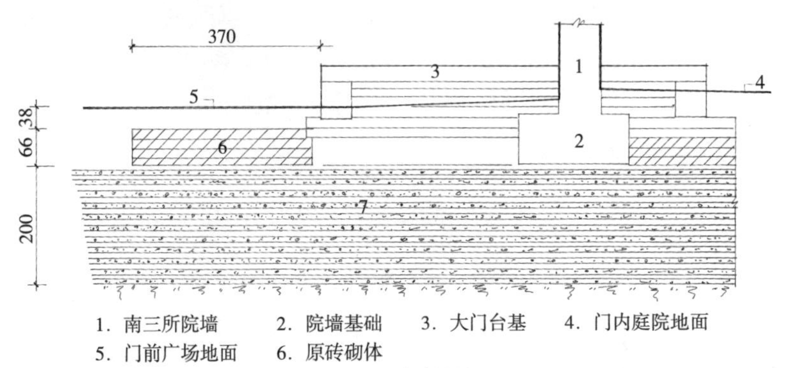

图2-4　南三所大门东侧沟槽内原建筑基础实测图

基础遗址计算确定（图2–3）①，应是15.75m（前后檐柱中计算）。又根据《明宫史》记载，紫禁城内河的走向"……文华殿西而北而东，自慈庆宫前之徽音门外，蜿蜒而南……"则可确定此遗址即徽音门。由此向北应是明代慈庆宫地区。

现南三所大门下基础远大于现南三所大门（图 2–4），在大门南侧，步测基础长约10m，再加上南三所大门的进深及北侧所测到的尺寸，基础总进深20m有余。以此基础计算除去肥槽2m，建筑物进深约18m，估计有可能是慈庆宫的建筑基础。但由徽音门到慈庆宫的距离有120m，在这样长的

① 详见《紫禁城建筑研究与保护——故宫博物院建院70周年回顾》中《故宫建筑基础的调查研究》

距离内有哪些建筑物？以刘若愚的《明宫史》记载所述：“徽音门里亦曰麟趾门，其内则慈庆宫也。”由徽音门到慈庆宫120m的距离中只有一座门，是否过长？如不是，那么这里记载还有奉宸宫、冕勤宫、承华宫和昭俭宫。四座宫殿的规模、形制及布置如何？四座宫殿是并列于轴线的两侧，还是排列在轴线上，已无从可考。将慈庆宫与现存清代皇极殿作比较，由皇极门到皇极殿的距离恰好也是120m[①]，此是巧合，还是皇极殿一组建筑是仿慈庆宫而建？或是依据目前我们未知的哪些规矩确定的尺寸？依所见局部基础，无法考证慈庆宫地区建筑布局。

（三）明代初始的建筑：仁寿宫、大善殿

现在的慈宁宫地区，明代初年应是仁寿宫、大善殿。嘉靖十五年在此建慈宁宫。在此之前这里的建筑规模、布局已难考证。

现在的宁寿宫地区，明代时有清宁宫、玉德殿、安喜殿、一号殿、景福宫（明代景福宫非清代康熙时的景福宫，也非现存庆寿堂北的景福宫）等。这些建筑物的情况文献只记载名称，其所在位置、布局等详情已难考证清楚。

二、清代的改建和添建

（一）顺治、康熙、雍正三朝在宫中的建设情况

箭亭：“顺治四年（1647年）七月，建射殿于左翼门外。”射殿应是箭亭初名。[②]当时此一区域只是空旷之地，向南可直达协和门外，是适合射箭的地方［现存的文华殿是康熙二十二年（1683年）建，文渊阁是乾隆三十九年（1774

---

① 此数据是依故宫1∶500图量的约量。
② 见《清宫述闻》。

年）建]。

毓庆宫：康熙十八年（1679年）在明代宏孝殿、神霄殿的原址上所建。初建时只有祥旭门、敦本殿、毓庆宫。

宁寿新宫：清康熙二十八年（1689年）所建的宁寿新宫、景福宫等建筑物布置情况不详。据《国朝宫史》记载："宁寿宫之后为景福宫，前为景福门，门内正殿二重。宫西有花园，门榜曰衍祺门。又西为蹈和门，门外即夹道直街也。"宁寿新宫的规模及建筑物详情已无从可考，现只有衍祺门、蹈和门留存。

斋宫：雍正九年（1731年）建斋宫，此处为明代崇光殿。斋宫外门设在东一长街，称仁祥门。院内正殿即斋宫，左右建配殿；北有诚肃殿。斋宫与诚肃殿间设有甬道，东西两侧有走廊相连。这里保留了雍正初建时的格局。

（二）乾隆时期的改建与添建

1. 毓庆宫进行了大规模的添建、改建

乾隆八年（1743年）添建前星门为这组建筑群的外门，将此建筑改建成为四进院的规模，即院门祥旭门，正殿敦本殿，正殿前方设东西配殿；其后是毓庆宫，毓庆宫明间与第三进殿明间中设廊庑相连，成工字形平面；最北有后罩殿。院内围房由一进院配殿迤北，一直延伸到后罩殿，与左右廊房相接形成围房，乾隆五十九年（1794年）维修。室内装修是乾隆时陆续完成的，装修讲究，室内分割灵活，变化较多，有适宜起居的地方，有适宜读书的环境，还有玩耍之地，素有迷宫之称。

2. 乾西五所改建：重华宫、漱芳斋、建福宫、建福宫花园

乾隆做皇子时居住之地是乾西二所。因做了皇帝，在乾隆十五年（1750年）将西二所升为宫，即重华宫；西一所改为漱芳斋；西三所作为厨房；西四、五所改建为建福宫花园。

创建建福宫花园的目的，在建福宫题句中已明确地表示："初葺建福宫，乃在壬戌岁。循名及责实，其义赋中备。亦有引未发，则别具深意。忆当元二年，廿七月守制。宫居未园居，夏月度两次。炎热弗可当，少壮禁之易。慈闱祝万龄，然终必有事。图兹境清凉，结宇颇幽邃。庶可逭烦暑，以为日后备。前岁遭大故，畅春虔奉置。因循乃园居，长年孰弗愿，筋力难从志。缺礼实已多，永言志吾愧。"就是为母后终时守孝之所。这组建筑的情况，据《建福宫赋》载："盖是地也，围于宫墙而弗加扩，卑于路寝而弗增华。""俭而不漏，幽而匪遐。"事实上扩充了庭院，如将原有的西侧宫墙向西移，将英华殿的西跨院拆掉后，又占用了西筒子通道的一部分，总计西移11m[①]。在扩充的范围内建有玉壶冰、凝道堂、妙莲花室、碧琳馆，并将敬胜斋向西延伸三间，直至山墙靠在西宫墙上。以后又陆续有所增建，如在乾隆十七年（1752年）的内务府奏案中有"建福宫内添建碧琳馆歇山楼一座，耳楼两座，欹游廊二座，石洞游廊一间……"；又乾隆十九年（1754年）在"建福宫内玉壶冰改建歇山楼两座，转角游廊楼一座……"。总之，在花园建成后又不断地改造、添建。又乾隆二十三年（1758年）在慧曜楼添建过桥游廊、明瓦天棚，楼内增加紫檀落地罩、紫檀木供桌等[②]；乾隆二十八年（1763年）碧琳馆改换瓷砖地面。在装修装饰上屡屡加码，不再一一列举。这片建筑在1925年溥仪出宫前烧毁，现存的建筑是21世纪复建的，平面布局和建筑外形基本是原建筑式样。

3. 建文渊阁

乾隆三十九年（1774年）在文华殿北建文渊阁，将文华殿一组建筑群向北延伸。

---

①《建福宫及其花园始建年代考》，见《紫禁城营缮记》，紫禁城出版社。

② 见《奏销档》卷76、卷79。

4. 建太上皇宫殿

乾隆四十一年至四十七年（1776～1782年），将康熙二十八年（1689年）所建宁寿新宫、景福宫等，一并改建为太上皇宫殿，即现存的皇极殿、宁寿宫及花园和戏台等。

现存的建筑物是清乾隆时期的。乾隆《御制宁寿宫铭》："宁咸万国，寿先五福。宫用题额，文叶义淑。于赫皇祖，奉养慈闱。孝惠爰居，爱日延辉。小子践阼，兹历世年。设复二十载，八旬五臻。敬思仁皇，卜号康熙。六十一载，今古诚稀。同以为艰，敢期过益？况值耄耋，归政理得。適新是宫，以待天庥。企予望之，愿可如下！授终奉懿，其理自殊。斟酌损益，斐曰侈图。殿称皇极，重檐建前。宫仍其旧，为后室焉。执承敬神，我朝旧制。异日迁居，礼弗敢废。清宁坤宁，祖宗所奉。朔吉修祀，宁寿斯踵。虽谢万几，宁期九畿。始予一人，寿同黔黎。告我子孙，毋逾敬胜。是继是承，永膺福庆。"乾隆时所建皇极殿以及宁寿宫地区的各个建筑物的用意，从其诗文中可见。对宁寿宫区的研究文字已有不少，特别是对宁寿宫花园的描述就更多，在此不再赘述。

5. 修建太后宫、花园

慈宁宫、寿康宫的改建：乾隆三十二年至三十六年（1767～1771年）将慈宁宫正殿改为重檐建筑，同时"改建慈宁宫门、大殿前后围房，挪盖徽音左右门座，垂花门座，值房，拆砌八字墙，丹陛，院内甬路，海墁散水，油饰，裱糊等项工程。"①

寿康宫：雍正十三年（1734年）十二月初四兴修，至乾隆元年（1736年）十月二十四日告成，是乾隆为生母崇庆皇太后建造的寝宫。

寿安宫：清乾隆十六年（1751年）为生母崇庆皇太后举

① 见乾隆三十七年（1772年）十二月内务府《奏销档》。

办六十寿辰庆典，对咸安宫进行大规模改造，并更名寿安宫；乾隆二十五年（1760年）为母七十寿辰庆典，重修寿安宫，并添建三层戏楼一座；嘉庆四年（1799年）拆掉戏台。

慈宁宫花园：自乾隆三年至三十六年间（1738～1771年）的添建、改建工程，如咸若馆添加卷房抱厦三间，添建周围擎檐柱廊；建后楼（慈荫楼）五间，配楼两座（宝相楼、吉云楼），三卷房一座（延寿堂），东西配殿两座。[①]

（三）晚清时期西六宫中的改建

东西六宫在乾清宫和坤宁宫左右两侧，对称布置，格局一致。明初设计时确定的平面布局，即现存的东西六宫。东西六宫每组建筑占地深、广各近50m。采用前后两进院的方式，第一进院内是三合院的格局，即一正两厢；第二进院，形成四合院。前后院的组成，按照宫廷建筑的说法，即沿用前朝后寝的格局。直到清嘉庆七年（1802年）对西六宫进行了部分改造，将储秀门拆除，在储秀宫与翊坤宫后殿之间，建筑了面阔五间、带前后檐廊的体和殿。又在体和殿、储秀宫与东西配殿间加建拐角廊，储秀宫这组院落就是带围廊的庭院了。这样前后两宫组合，就形成了翊坤宫、体和殿、储秀宫、丽景轩的四进院落。嘉庆十五年（1810年）又拆去长春门，在长春门和太极殿后殿的基址上建筑了面阔五间的体元殿，殿的后檐连接着三间开敞的抱厦。同样体元殿、长春宫与东西配殿间加建拐角廊，长春宫这组院落亦成为四周围廊的院落，即太极殿、体元殿、长春宫、怡情书史也成为四进的庭院（图2–5）。这两组建筑改建后，两宫连通，便于生活。

---

① 此资料均采用2015年12月《紫禁城学会会刊》“故宫慈宁宫专辑”中常欣“慈宁宫区建筑述要”。

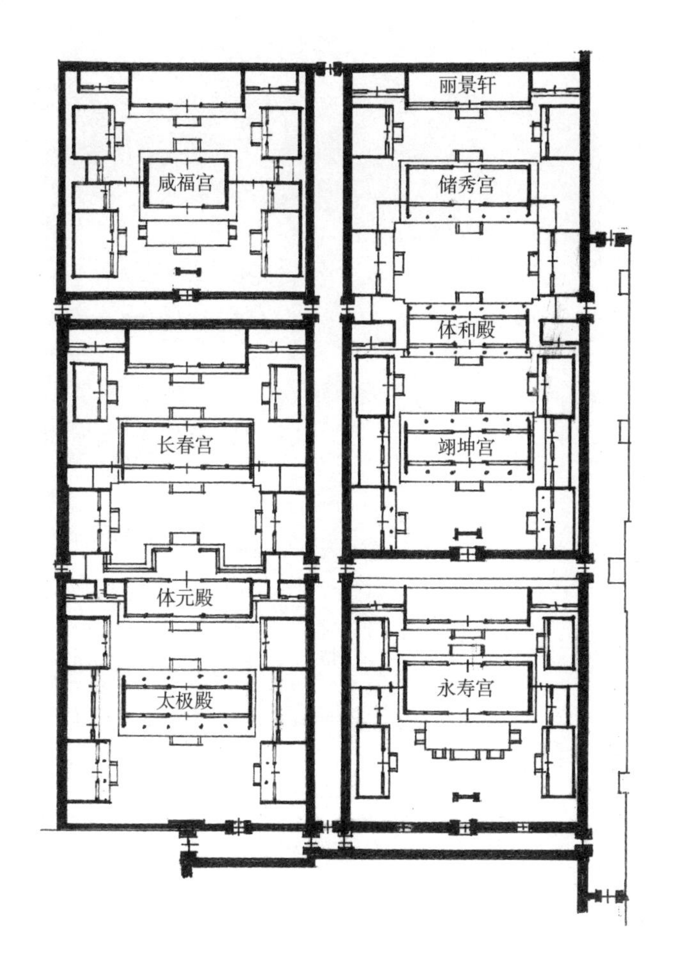

图2-5
西六宫晚清时期改建后的平面图

图中的体和殿即原储秀门位置，体元殿即原长春门位置。

综上所述，清代在宫中的添建、改建对故宫总体布局没有大的改变，但修改的项目不少。总体来看不一定是好事，如西六宫两组建筑的改造，是将重要的防火通道给改没了，隔火墙拆掉，一旦某宫起火，将连成一片，火烧连营，建福宫花园的火灾就是例证。宁寿宫北部即养性门以北地区的中路养性殿、乐寿堂与东侧的畅音阁、阅是楼和西侧的三友轩、遂初堂、符望阁等建筑都有游廊紧密相连，这样密集的建筑一旦起火，就会与建福宫花园一样毁掉，这应是清中后期防火意识淡薄的结果吧！

第三章

略谈宫殿建筑艺术

中华民族有几千年的历史，在漫长的历史长河中积淀的中华文化丰富多彩，涉及社会的各个方面。就皇家宫殿建筑而言，它要沿袭古制，有礼制的制约，要求符合堪舆学说，也就是应体现《易经》学说中的天、地、人之间的关系，自然、物质的辩证关系，在建筑群中追求的是天时、地利、人和的精髓。

中国古代人们是崇尚礼教的，人们的一切无不受到礼法的制约，作为社会重要物质与精神组成的建筑，自然也不例外。《易经》中所涉及的与人关系密切的是建筑和环境，建筑物的意境、藏风、聚气、形态秩序、动静互释等文化内涵，在各类建筑中均有体现。中国的960万平方公里的土地上，创造出了人与大自然和谐相处的城市、村庄，历经千年不衰，这就是“天人合一”的体现。明清两代对北京的京城、宫殿的设计和建造要表明皇帝至高无上的地位，同时还要体现意境、形象、精神、动态与意念等文化内涵，在故宫建筑中主要表现为：尊卑有分，上下有序；在规模、体量、造型、色彩、装饰等方面力求表现神圣、权威、森严的气势，同时与自然相协调，不破坏自然。这就是我们现在看到的受礼制约束、符合五行学说的宫殿建筑群。

紫禁城的建设，其位置是坐北朝南；背山面水，这是刻意布置山水，如挖护城河的土堆成山并植树，使山气茂盛（明代万岁山，后改名景山，人工堆积而成）；理水聚气，将北海的水经西板桥引入护城河、引入皇宫内，在天安门（明代称承天门）前和太和门（明代称奉天门）前设置金水河。

对古代皇家宫殿建筑的“美”，对紫禁城的空间布局，以及礼制、五行学说等的论述已经有很多且非常精辟，这里不再赘述。

依现存的故宫建筑，结合我几十年中在故宫古建筑文物保护工作中的所得，列出几点认识，以说明对中华传统文化的继承与发展。

一、平面布局严谨

（一）皇宫的位置

坐落在北京城内的中心，由紫禁城围绕，其外有皇城墙和京城墙，三道城墙守护。按照《易经》“设险以守其国”，这是古代都城布局常见的形式，即皇宫居中，周围环以外城，符合“城以卫君，郭以守民”的传统思想。

紫禁城的门，南门称午门，北门称玄武门（清代为与玄烨避讳，改为神武门）。玄指北方，玄武是古代四神之一的北方之神；东门称东华门，东是方位，日出东方；西门称西华门。[①]明、清以来南门称午门，午门左右的侧门称左右掖门，城的东、西门称为东、西华门，从称谓上看应是宋元以来宫城门名的延续。

（二）对紫禁城内宫殿布局的理解

1. 四合院

紫禁城内的建筑是由各式规模不等的四合院组合而成的，有序地排列在72万m^2的空间内。我国是哪个时期开始建造四合院的，很难说清，依20世纪考古发掘资料，能见到的最早的四合院是周代建筑遗址。如陕西省扶风县的建筑遗址，就已有完整的四合院建筑了（图3-1）。其南北长45.2m，东西宽32.5m，坐北朝南，是一组由庭、堂、屋、塾、厢房、过廊、回廊组成的两进院落。这是迄今见到的最早的四合院遗址，是中国建筑四合院的基本形制。这样的四合院建筑布局一直延续了三千余年，无论在民间，还是在明

---

①《宋史·地理志一》：“宫城周回五里，南门三中曰乾元，东曰左掖，西曰右掖，东西面门曰东华、西华。”又《辽史·地理志一》：“内南曰承天门，有楼阁；东门曰东华、西曰西华。”

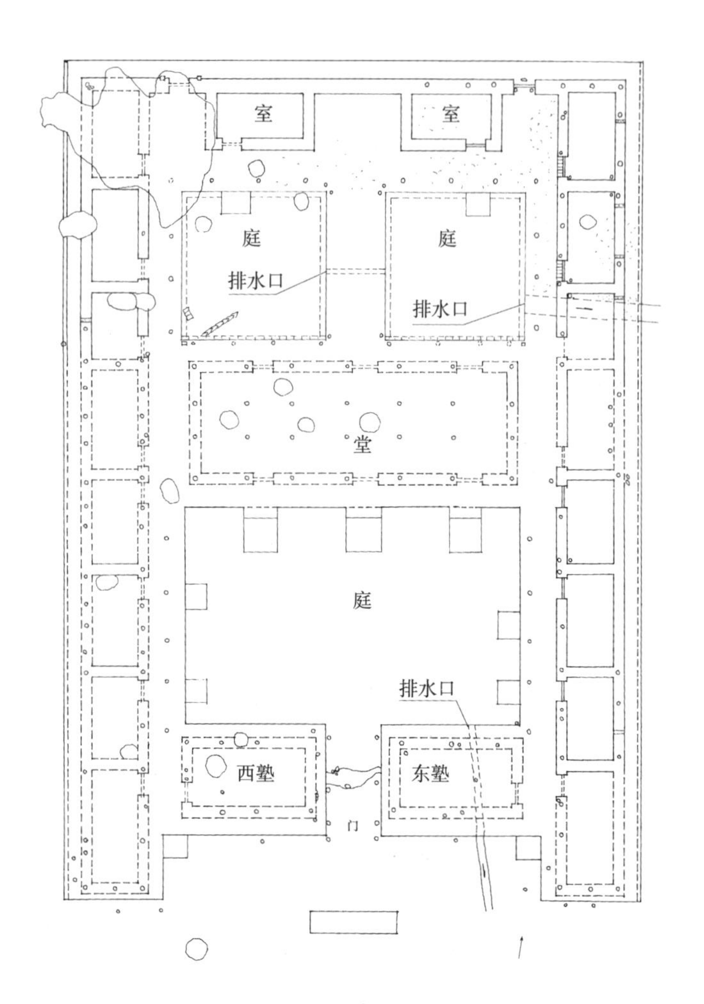

图3-1
陕西扶风西周建筑遗址平面图（摹自《文物》1979年第10期）

清的皇宫中，都能完整地保留，这是中华文化传承的幸事。

2. 紫禁城内的四合院

在紫禁城内的四合院，无论规模大小，功能如何，都是一个一个的封闭整体。有的是由内宫墙围绕，有的是由围廊或围房围护，这些功能不同、规模不等的建筑群，有序地分布在紫禁城内，所以在皇宫内有千门万户之称。

这些封闭的四合院，虽然规模不等，功能各异，但是庭院内的布局是统一的，既有三合院与四合院的两进院落，也有三进院、四进院等，在统一中有变化，在变化中又有统一。共同的特点，是有明确的建筑群的纵轴线，沿纵轴线布置主要建筑物；左右的建筑对称布置；建筑群内有完整的地面铺装；设置中心甬路，甬路是建筑群内必不可少的导引。

这些四合院都有适宜的院门。门是庭院空间景象和建筑物表象的说明。如殿宇门座内是庄严、肃穆、端庄、凝重的空间境界，殿宇门座有太和门、乾清门、宁寿门、慈宁门等；居所庭院门的式样就是在院墙中设置门楼，门楼的体量有大小的区别。门楼两侧的看墙装饰繁简不一，门内外植树，陈设布置有山石、盆景、花卉等，给人以生活气息，如养心门、寿康门等。同是居所的东西六宫的宫门，只有门楼和两侧的看墙，墙心内只有岔角花饰。非常特殊的龙潜之地在看墙心饰以龙纹，最简单的则是普通的有门帽的居所随墙门，也是宫中最简单的门了。这些不同的院门是居住者身份的象征。

3. 紫禁城内四合院的分布

在紫禁城内布置体量不等、功能各异的四合院是要符合礼制要求的。在故宫的纵向中轴线上，以太和殿为中心的三大殿组群和以乾清宫为中心的后三宫组群，这两组建筑的设置是“前朝后寝”的格局。前朝的左辅右弼文华殿、武英殿组群设置在太和殿组群的两翼，东为文华殿，西为武英殿；在内廷建筑群中设在西北方的建筑，都是历代皇帝遗孀的宫殿，有慈宁宫、寿康宫、寿安宫等组群；还有建在东北方，以皇极殿为中心的太上皇的建筑组群。这些大小不一、用途各异的院落有序地组织在紫禁城内，就构成了功能齐全、设施完整、符合礼制的皇宫。

二、排列有序、主次分明

（一）建筑物排列的次序

在《考工记》中对京城的布置有“前朝后市”一说。北京城的皇宫坐落在城中正阳门（明初建城时）内，由正阳门到天安门间都是政府有关机构，天安门内即为皇宫，直到三大殿都是属于前朝的部分；而市场设置在地安门（初称北安门）外到鼓楼地区。在紫禁城内有“外朝内廷”，即三大殿为外朝，乾清宫、坤宁宫、东西六宫为内廷。慈宁宫、宁寿宫等建筑群都是内廷范围。

各类宫殿的位置又是按照五行学说布置的，如明代太子出阁时设座的文华殿在东华门内，清代的皇子居住地设置在南三所（东华门以北），这两组建筑都设在东华门内。因东方在五行中是木位，象征春天、蒸蒸日上。太后、太妃所居住的殿宇布置在西部，西方在五行中是金位，属于收方，所以慈宁宫、寿安宫、寿康宫等建筑都设置在紫禁城的西北部。在皇宫中轴线的北端建有祭祀玄武大帝的神庙——钦安殿。以五行学说对故宫建筑的解释已有许多了，在此不赘述。

（二）建筑形制、规模、体量等的主次之分

现分析三大殿、后三宫、皇极殿三组庭院在建筑造型、规模、体量上的区分如下：

1. 三大殿组群

（1）建筑组群占地规模最大

三大殿建筑最大的特点是占地规模大，南北长385m（由太和门台基到保和殿后三台一层边缘），东西宽246m（即体仁阁的后台帮到弘义阁的后台帮），合计面积94710m^2，占故宫总面积近八分之一，可见这组建筑群的重要。为便于使

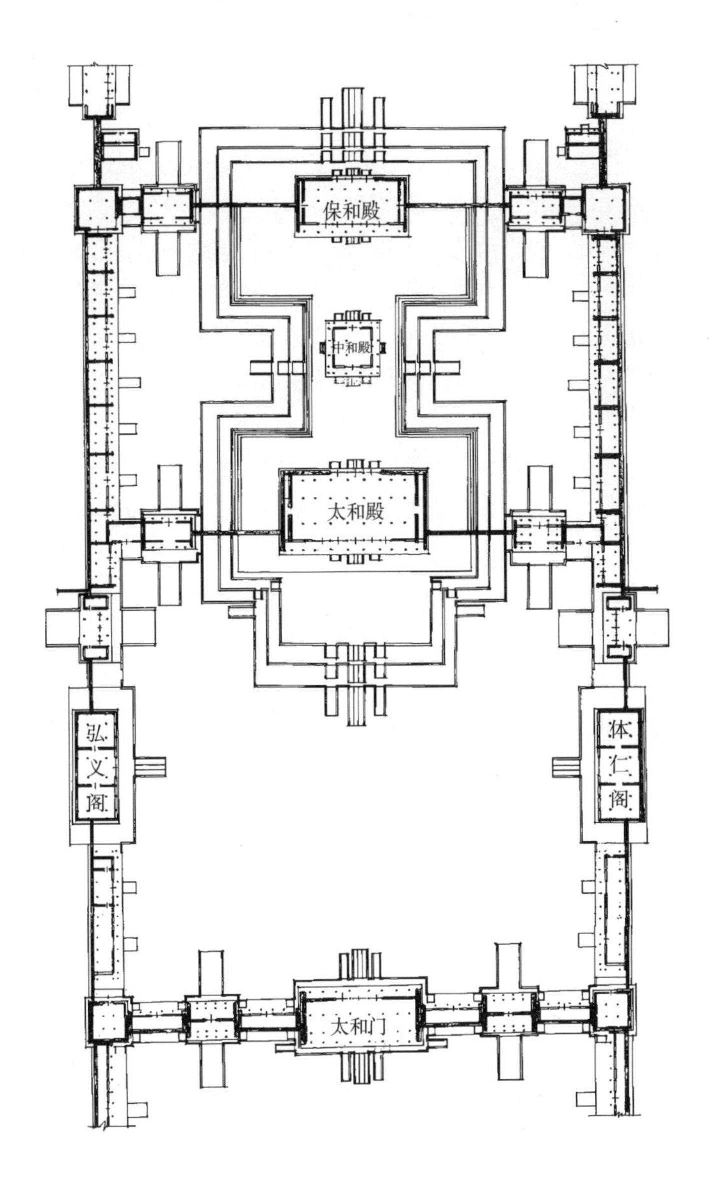

图3-2
太和殿建筑群平面图

用，这组建筑对外共设置了七座门：正南有太和门、贞度门、昭德门；东西两侧陪衬建筑的中部设有左、右翼门；庭院的北端设置后左、右门（图3-2）。

（2）建筑群中有五个等级的高台

“台”，《说文解字》将其解释为“观四方而高者”。最早的"台"应是高大的夯土台，这类台是供眺望、宴饮、行射之用。春秋时期各国的宫室、宗庙竞相追求雄伟的建筑形象，便以夯土台作为创造建筑高度和体量的手段，于是夯筑阶梯形夯土台。台是逐层加高的，在高台上建房，可形成宏大的外观。屈原在《离骚》中以"望瑶台之偃蹇兮"的诗句描述高台。历史上有名的"台"很多。高台是分层次的，标高不一，建筑方位不同，平面上有主次之分，空间上以夯土台的高低之差形成建筑物的错落参差。

现存故宫的高台及高台建筑应是继承并沿袭了历史上的高台古制，特别是皇家建筑以高台创造出帝王建筑的高尚和尊严。在高台的总体造型上具有其设想的内涵；在使用材料和制作工艺上因其等级的差别而有很多的不同，同时也使"高台"的发展达到了历史的高峰。

以三大殿这组建筑为例，以台的形制、规模、用料来区分，这里的高台共有五个等级：三大殿的三台为一级（图3-3）；太和门的门座之台，列为二级（图3-4）；体仁阁、弘义阁的台座列为三级（图3-5）；贞度门、昭德门、左右翼门、中左右、后左右门和四座崇楼的台座列为四级（图3-6、图3-7）；庑房的台为五级（图3-8）。

一级台：三台南北长261.5m（由三台南北御路前的砚窝石之间的距离，占故宫南北总长度960m的四分之一），东西最宽处为130m，高8.13m。三层高台的式样都是须弥座。太和殿、中和殿、保和殿三座建筑本体的台基也都是须弥座。在紫禁城内重复使用须弥座的建筑物，仅有这三座建筑。京城内的建筑双重用须弥座的建筑也只有天坛的祈年殿。看来三大殿与祈年殿是同等级的建筑。

三台的须弥座，南北蹬道都有三出，中间的蹬道设置石雕的龙云御路，御路两旁的踏跺面满雕狮马图。在各层须弥座的边沿上安装了石雕的栏杆，望柱头呈桶状，雕刻云龙云凤，间隔排列。于每个望柱下安装可排水的龙头（称螭兽）

图3-3　太和殿三台（一级高台）

图3-4　太和门高台（二级高台）

图3-5　体仁阁、宏义阁的台（三级台）

图3-6
崇楼的台和护栏（四级台）

太和门外看东南崇楼的台和护栏（摄影：谢安平）

图3-7
贞度门的台和护栏（四级台）

太和门外看贞度门的台和护栏（摄影：谢安平）

图3-8　太和殿院内庑房（五等高台）

探到台外，唇间有小圆孔，为排水口。天降暴雨时，三台形成千龙喷水之势，蔚为壮观。三大殿的雄伟是与瑰丽的三台分不开的，三大殿的巍峨耸立也只有在三层高台上才得以充分显现。所以高台建筑中的台与建筑物是紧密相连的，再加上色彩的相互映衬，可以给人震撼的感受。

二级台：太和门的高台是二级。占地面积1600余m^2，白石须弥座高3.39m，门座本体只有一步石台基。须弥座的前后均设置三组踏道，中间设雕龙云御路，御路两侧的踏跺面，满雕天马、双狮等图案，左右两侧则是普通的踏道。台座的边沿有挑出的排水螭首和环立的勾栏，石雕的望柱头满雕龙凤云图形，间隔排列在须弥座周边和御路踏跺两旁。

三级台：体仁阁、弘义阁的台应算是三级高台。台高3.8m，青砖砌筑台帮，沿台边沿设置石栏杆，望柱头雕刻着二十四节气纹样。台前有石雕御路，雕刻纹样简洁，在石面靠近底边处雕刻海水江崖图案，上部满雕云纹。楼座的台基只有一步石台基。

四级台：贞度门、昭德门、左右翼门、中左右门、后左右门和四角的四座崇楼的“台”列为四级。八座门的台高大多在2.60~3.22m，四座崇楼的台略高于门座。台本体均是青砖砌筑台帮，门座前后设置砖砌礓礤坡道，沿台边沿和坡道安装白石栏杆，于望柱头上雕刻二十四节气纹样。崇楼和八座门的台基均设有一步石台基，门座为单檐歇山式屋顶，崇楼为重檐歇山屋顶。

五级台：庑房和连房的台高在这组建筑群中是最低等级的。南庑台高2.5m，东西连房台高2.9m。台本体均是青砖砌筑台帮，台的边沿采用清白石的压面石。台前设有礓礤坡道，直达下沉的庭院中。这些连房、庑房均没有专设台基，其柱础石是直接置于台面上的。

以上五个等级的台及其建筑式样，说明了这里的建筑物的等级。这个庭院内所有建筑都建在不等高的台上，这个庭院自然形成了一座下沉广场，更加映衬了太和殿的高大、雄伟、威严。

（3）对三台平面造型的理解

三台的平面造型，最早接触时都讲三台是“工”字形的平面，后来于倬云先生提出是“土”字形平面，其理由是在两根横线上建的是太和殿和保和殿，两横间的竖线上建的是中和殿，“土”字的出头是太和殿前的月台。中国古代的地图，上为“南”，下为北，三台的造型理解为“土”字，可与“普天之下，莫非王土”的理论相联系。个人认为，对三台的造型是“土”字的理解比“工”字的理解更贴切，更符合古代设计者的思想。

（4）三大殿的大门与三大殿

太和门（初称奉天门、太极门）是三大殿一组建筑的正门，建筑面积1300m²有余（指台明范围内），建筑总高自庭院地面至脊上皮通高24.30m（自台基上皮至脊上皮高20.86m）。门建在3.39m高的须弥座高台上，只设有一步石台基，面阔九间，进深五间，于明间和两次间的后檐金柱安装三樘实榻木门，门前形成敞亮的门厅。在林立的柱头上安置五踩斗栱；上层屋檐下施以七踩斗栱；殿宇为重檐歇山式门座，通称九脊殿；在瓦顶上的两正吻前后施以镏金吻锁，屋面施以三排镏金瓦钉，其豪华与太和殿相侔。也只有在三大殿组群中才能设置这样高等级的门座，这在紫禁城内也是唯一的一座高级别的殿宇式门座。

三台上的三座建筑，太和殿的单体体量最大。太和殿面阔十一间（63.93m），进深五间（37.17m），面积2376.28m²，殿高26.92m（由台基至正脊上皮），由台基至大吻上皮是29.38m。台基是汉白玉石雕制的须弥座（座高0.98m）[①]，屋顶为重檐庑殿顶，在瓦顶上的两正吻前后施以镏金瓦钉。屋檐下设置斗栱，斗栱出跳的层数越多，表示建筑物的等级越高。上层屋檐下的斗栱挑出五层，为十一踩，下层屋檐的斗栱挑出四层，为九踩，是宫中斗栱出踩最多的一座建筑。为突出太和殿的重要，一般垂脊上的小兽采用单数（即三、五、七、九），只有太和殿采用了十个，这是皇家建筑中的特例。

中和殿单体建筑呈正方形，面阔五间，进深五间（通面阔24.15m），台基面积583m²有余，高19.70m（三台地面到宝顶上皮），基座亦是须弥座。屋顶为四角攒尖顶单檐，顶尖为镏金宝顶，在三角形的屋面上整齐地排列着三排镏金钉帽。虽然建筑体量远远小于太和、保和，但屋檐下设置五踩

① 这里的数据是1932年测绘图所注尺寸。

斗栱，木构架上同样采用金龙和玺彩画，木门窗也是三交六椀菱花式样等，与太和、保和是相同的，在太和殿、保和殿之间是很恰当的陪衬。

保和殿单体建筑1240m²，面阔九间（49.68m×24.97m），山面进深五间，由明间到尽间是减柱造，实有四间总计38间。基座亦是须弥座，屋顶重檐歇山式，正脊两端的吻同样施以镏金吻锁，屋面使用镏金顶帽。上层屋檐下的斗栱为七踩，下层屋檐下的斗栱为三踩，木构架上亦饰以金龙和玺彩画。木门上的雕饰和用金量减少了许多，坎墙的琉璃饰面改为青砖砌筑，以表明与太和殿的区别。

三座大殿体量差别很大，屋顶式样不同，在装修、彩绘、门窗雕饰等也有主次之分。雕饰纹样和雕饰中用金量明显不同。总之三大殿的雄伟、端庄与三座建筑相互映衬有着不可分割的关系，也因此创造出了无与伦比的宫殿建筑之美。

（5）三大殿的陪衬建筑

在太和殿庭院内的东西对称建筑是体仁阁、弘义阁。外观两层庑殿式楼阁，阁本体占地面积900m²，阁的高台占地1829m²，总高23.8m。与阁并列的廊庑和门座高12m（包括高台在内）左右，门座的屋顶均建单檐歇山式样，庑房是硬山式样，建筑四隅的崇楼平面呈正方形，门窗的设置均面对庭院，屋顶采用重檐歇山式，总高17m，高于与之连接的庑房，显然是这组院落中四角的守卫楼座，也进一步说明这组建筑群的重要。[①]在故宫内，仅在太和殿院落内的四角建有重檐的楼座。

集上述，三大殿是前朝的主体建筑，单体建筑物的体量大；这组建筑物分别建在不同级别的高台上；建筑的造型及屋顶的式样同样主次分明；屋顶的吻兽装饰、屋檐下所施用

---

① 在建筑群的转角部位建成楼座式样的做法，在敦煌的壁画中可见。如敦煌莫高窟第217窟的壁画中可看到弥勒菩萨坐在宫殿群内，殿后有崇楼高阁，在这组宫殿的最后的两角设置有崇楼。

的斗栱、彩绘、门窗式样和雕刻纹样等都是有等级的，分别实施在各建筑上。这组建筑群充分显示出下沉广场、高台、建筑物的体量、形态的艺术效果，创造出了无与伦比的皇宫气势之美。

2. 内廷宫殿组群

这组建筑群的范围亦较大，有乾清宫、交泰殿、坤宁宫，这是皇帝、皇后的居所。妃、嫔住在东西六宫，明代皇子、皇孙居住在乾东、西五所。现只讲乾清门、乾清宫、坤宁宫这组院落范围内的布局，其位置在三大殿以北的中轴线上，即乾清门至坤宁门之间，南北长220m，东西宽120m。这组建筑四周有廊庑环绕，形成一组独立的庭院。除南北两座门（乾清门、坤宁门）外，东西还设置了通向东西六宫的门，有四座屋宇门（日精门、月华门、景和门、隆福门）和六座穿堂门（东部龙光门、承祥门、基化门，西部凤彩门、增瑞门、端则门）（图3–9）。

皇帝住宅的大门是乾清门，在门外设置八字琉璃照壁，门前摆放一对镏金铜狮。门座建筑在1.7m高的须弥座台上，沿台座边沿安装石栏、排水螭首，雕龙御路和雕刻有狮马图形的踏跺与普通的踏跺，共计三出。门座的台基只有一步。面宽五间，进深三间，屋宇式歇山顶的门座，后廊金柱部位设置三个门。门内设有高台甬路，直达乾清宫前的月台。高台甬路和乾清宫前的月台均是须弥座的台座，在甬路和月台的边沿同样安装雕龙、雕凤的石栏、排水螭首等。

主要殿宇乾清宫面阔九间，进深四间，重檐庑殿顶，占地面积1260m^2，是后三宫建筑中体量最大的建筑。坤宁宫面阔九间，进深五间，占地面积近1092m^2，重檐庑殿顶，占地面积与体量略小于乾清宫。交泰殿是正方形的建筑，面阔与进深都是三间，四角攒尖屋顶，建造在两座大殿中间。从布局看是前三殿的重复，建筑的体量、用材、装饰

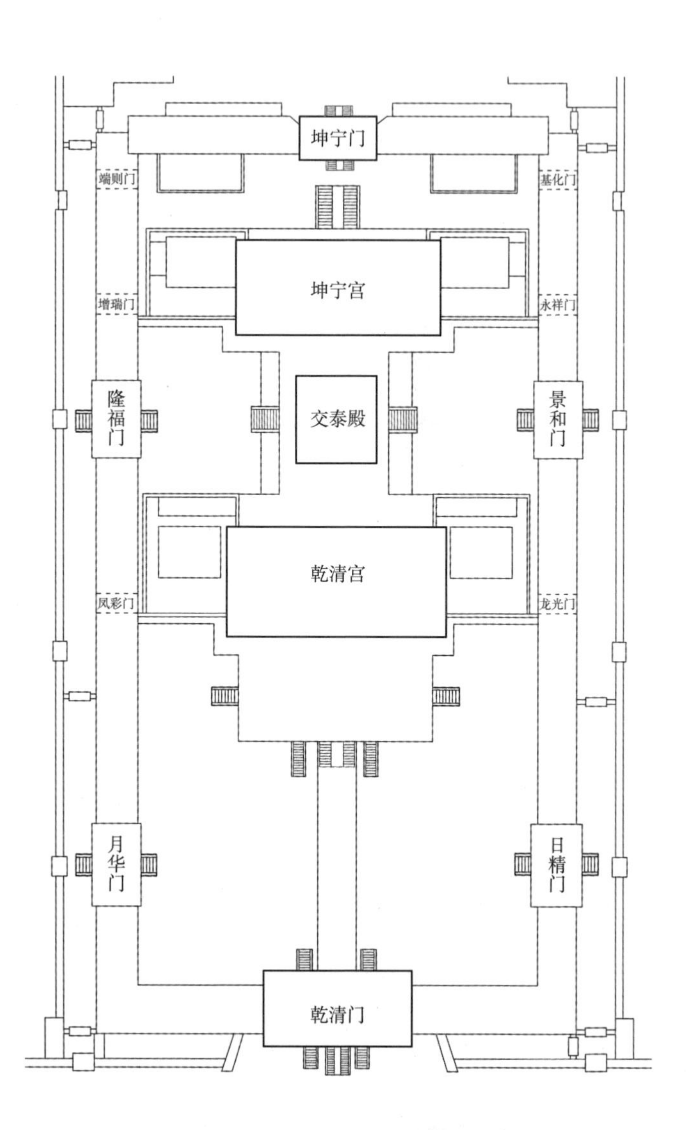

图3-9
后三宫平面图
谢安平绘

等都与三大殿不同。这三座建筑同样建在高台上，高台平面为工字形，用青砖砌筑，台的边沿用青白石压面，用黄绿琉璃砖砌筑护栏。这里少了庄重严肃之感，多了生活气息。在建造的等级上，明显低于三大殿区（图3-10～图3-12）。

图3-10　乾清宫正面（摄影：谢安平）

图3-11　乾清宫侧面（摄影：丽媛）

图3-12　坤宁宫

3. 宁寿宫组群

宁寿宫是一组大的建筑群，南北长406m，东西宽150m，四面有宫墙围绕。这里建有宫殿、园林、戏楼等不同功能设施的建筑物，环境舒适、优雅，是颐养天年之居。这组建筑群是故宫中轴线上建筑物的缩影。宁寿门、皇极殿和后殿宁寿宫，似是前朝之意。这组建筑的北部纵向分为三路，中路有乐寿堂、颐和轩等，是中心主体建筑；左边为娱乐区，设置了畅音阁戏楼；右边设置花园，东西两翼是陪衬。这个建筑组群的功能是很丰富的。

在本建筑群中只提取中间的皇极殿和宁寿宫叙述（图3-13）。这组建筑的大门为宁寿门，门外设置八字琉璃照壁。门前摆放一对镏金铜狮，这就是太上皇住宅的大门。宁寿门的形制仿乾清门，但又不拘泥于其形制。门座与琉璃照壁的尺度都略小于乾清门的门座和照壁。

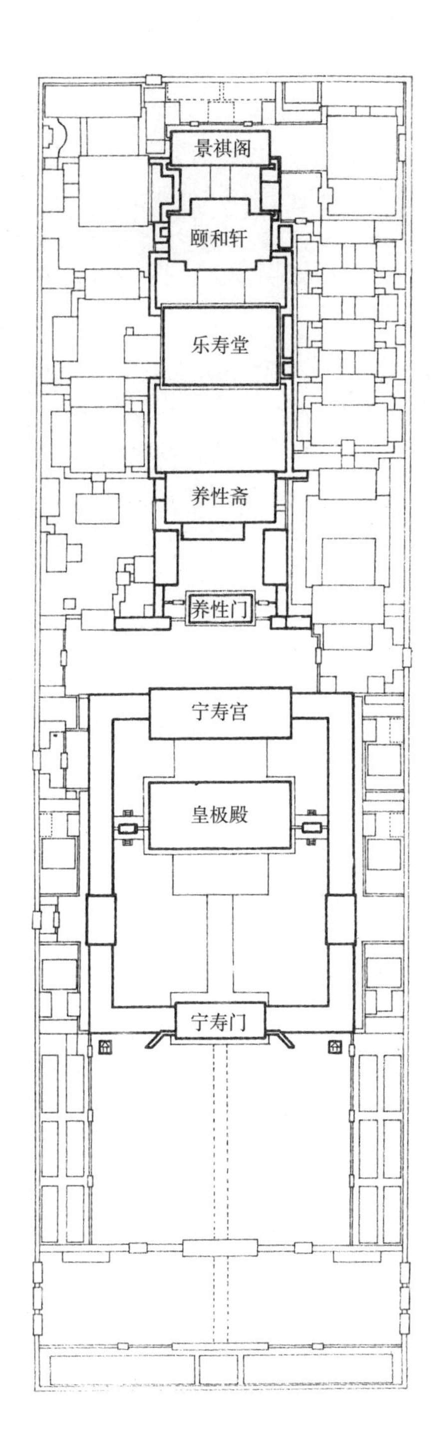

图3-13
宁寿宫区域总平面图
（谢安平标注）

中轴线南部的建筑：九龙壁、皇极门、宁寿门、皇极殿、宁寿宫。北部建筑分为三部分：即中轴上的建筑：养性门、养性殿、乐寿堂、颐和轩、景祺阁；东部是畅音阁、阅是楼、寻沿书屋、庆寿堂和景福宫、梵华楼、佛日楼等；西部即宁寿宫花园，花园中的主要建筑有衍祺门、古华轩、遂初堂、延趣楼、符望阁、倦勤斋等。

宁寿门与乾清门一致的部位：高台为须弥座；屋顶为歇山式；屋檐下同样设置了外出两跳的五踩斗栱；面阔都为五间，进深都为两间。所不同的是尺度要略小，宁寿门座通面阔28.8m，通进深11.5m；乾清门座通面阔30m，通进深15m。还有门前两侧的琉璃照壁，其尺度亦略小，宁寿门的照壁一字长4m，撇山长5.8m；乾清门照壁一字长5m，撇山长11m（这里的尺度均是取自1：500平面图）。宁寿门内主体建筑是皇极殿，仿制太和殿，面阔九间（太和殿是十一间，包括两廊间），进深五间，重檐庑殿顶，黄色琉璃瓦顶、镏金吻锁和瓦钉、屋檐彩绘、装修式样等与太和殿完全相同。所不同的只有四条屋脊上的走兽比太和殿少了一个行什。还有不同的是高台只有一层石雕须弥座，大殿的台基也只是一步石台基。同建在这座高台上的还有宁寿宫。宁寿宫为一座歇山式建筑，其室内布局又都是仿照坤宁宫。与皇极殿组合，即是前宫后寝的格局。庭院的式样仿乾清宫，由宁寿门到皇极殿间也是一条高台甬路，此甬路是白石须弥座式样，沿边设置石栏、雕龙头的螭首。皇极殿前的月台同样设置须弥座和栏杆、螭首。皇极殿的左右设置垂花门，在东西庑房间建有凝祺门、昌泽门。

集上述的相同与不同点看，皇极殿、宁寿宫一组院落应是太和殿与坤宁宫的复建组合，其建筑式样与布局均满足乾隆皇帝在《御制宁寿宫铭》中的御旨，这就是太上皇的宫殿（图3–14～图3–16）。

这里应特别提出的是，在宁寿门外还设置了一道皇极门，皇极门内外沿院墙周边种植苍松桧柏，郁郁葱葱，生意盎然，摒弃宫殿之庄严肃穆而给人一种环境优美的氛围。

以上所述三组的主要庭院，可以看出虽然它们之间的相同点很多，但太和殿组群仍然是宫中最主要的政治活动区域，所以在体量、规模、装饰等方面最突出；乾清宫区域排列其后，是日常办公和生活的区域；太上皇宫殿，虽然力求

图3-14　宁寿门

图3-15　皇极殿

图3-16　宁寿宫外景

显现其重要性，但在建筑群的排列中仍不能超越太和殿区和乾清宫区。这就是主次分明的特性。

三、"形势"之说与故宫建筑群

紫禁城内各个建筑群体的环境和空间不是一样的，在视觉上，有的是壮丽威严的宫殿，有的是优雅宜人的居住生活区，还有生意盎然的庭院和园林，这就是建筑物和空间创造的不同效果。故宫建筑空间设计的原则是："远观取其势，近景取其形。"①

《管氏地理指蒙》中讲："远为势，近为形，势言其大者，形言其小者。""势可远观，形须近查。""远以观势，

① 摘自《管氏地理指蒙》

虽略而真，近以认形，虽约而博。”“千尺为势，百尺为形。”建筑群、景观设计都应有基本尺度，或者说有具体的数据。现以“千尺为势，百尺为形”的基本数据，来解释故宫的建筑群。并以此作为近景、中景、远景尺度计算的依据。

历史上以尺为单位计算，但历代尺的长度是不同的，折合现代的公制米（m）：周秦，1尺=0.239m；汉铜尺，1尺=0.23m；唐小尺，1尺=0.2357m；唐大尺、隋开皇官尺相同，1尺=0.2958m；宋、元三司布帛尺，1尺=0.31m；明营造尺，1尺=0.317m；清营造尺，1尺=0.32m[①]。

故宫是明代所建，以明代的营造尺来计算，析解“千尺为势”。紫禁城墙的实测是：南北长961m，千尺应是317m，折合千尺961/317=3.0315，就是千尺的3倍有余。与实测城墙南北长是少了10m，尺寸略小。这可能是当时实施中的误差吧。这也可看出“千尺为势”不是严丝合缝的，是容许上下有变动的。

紫禁城城墙的长宽又是如何界定的呢？实测紫禁城城墙东西宽753m，折合千尺753/317=2.375，是千尺的2倍多。得出紫禁城的长宽比，即3/2.375。这个长、宽比的数值由何产生的尚不清楚。作为紫禁城无论南北还是东西，其体量之大，都是千尺的二三倍，登到景山之巅登高远望，目力所及的范围甚为辽远，是一种壮美景色对视觉的冲击。“势可远观”的景象，就是这个道理。在此可以得出“远景”的范围应在“千尺”以上，甚至可扩大到“千尺”的几倍。

“中景”应有什么样的尺度呢？以太和殿庭院来分析：由太和门到太和殿的直线距离是180m（太和门台基到太和

① 以上资料摘自北京工业设计院编：《建筑设计资料集Ⅰ》中国建筑工程出版社，1973。

殿的台基，由1：500图量得)，这个尺度显然不足千尺，以“百尺”计算，即180/31.7=5.678。这个距离是百尺的5.678倍。也可以说是在“百尺为形”的范畴内。这个尺度显然不能做“千尺为势”的解释，那么可将其列为中景来看待。这样可以得出大于“千尺”时，是我们现代建筑设计中的“远景”；对于小于“千尺”又大于“百尺”之时，可看做是“中景”，也就是说在千尺以内的尺度，无论是百尺的几倍，都应划在“中景”的范围内。五个百尺的距离内仅只是能清楚地看到太和殿的立面形式、周边的门座和两侧的陪衬楼宇等建筑物式样而已。对殿宇、门座和配楼等台基式样、门窗式样、彩绘、斗栱等都是看不清楚的，因此将其列为“中景”的尺度是合理的。当对建筑物的台基、门窗式样、彩绘、斗栱等可以做到一目了然时，应是在距离建筑物“百尺”之内的结果，也就是“近景”了，所以有“百尺为形”之说。

对此再以东西六宫中的建筑为例。六宫的庭院中，在院墙内是正方形的，基本尺寸是50m×50m，折合营造尺50/31.7=1.577，即庭院占地为1.5个“百尺”。在院内建有正殿、后殿、前后院的东西配殿，及配殿耳房和后殿耳房等，剩余为庭院的空间。如钟粹宫，站在垂花门的台基上，第一进庭院内的建筑细部都能一目了然，可以看清正殿的门窗式样、窗格图案、檐下的斗栱、额枋上的彩绘图案等。由垂花门的台明到正殿的台明直线距离是10m，到正殿的门前是14m；由庭院中到两侧的配殿直线距离是25.68m。这些尺度都是在31.7m的范围之内，这就充分证明“百尺为形”学说是有道理的，也可以说明，这个“百尺为形”的参数是建造故宫内的一些庭院的基本尺度(图3–17)。

只就以上的简单比较，可认为“百尺为形，千尺为势”的说法是有道理的，是研究古代建筑与空间关系的基本尺

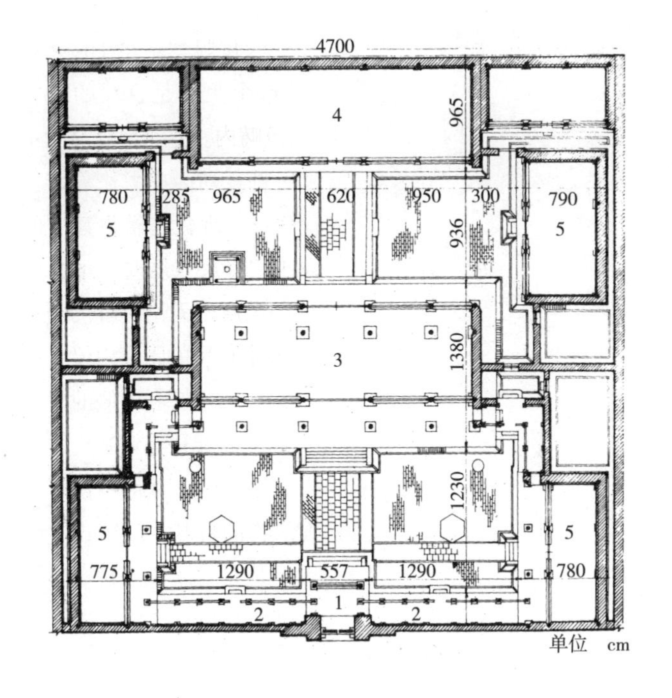

1. 垂花门
2. 南廊
3. 钟粹宫正殿
4. 后殿
5. 院内配殿

图3-17
钟粹宫院落平面图

由垂花门的台明至正殿的距离是10m，至殿门的距离是14m；由院中的甬路中到东西配殿的直线距离是31.7m。

度，也是分析建筑环境的近景、中景、远景的基本尺度，是古代在建筑群体规划上的一个重要理论依据。

四、造型、色彩、装饰

古代建筑的形制、色彩、装修等都是有等级之分的，这是有律例规定的，非常具体，任何人都不能越级。

（一）建筑物的造型

单体的木结构建筑由台基、木框层、屋顶三部分组成。台基的高度、砌筑材料、式样都是有等级的，单体建筑的木柱、墙体和门窗、彩绘、装饰等也是有等级规定的。这里只将故宫内最显赫的大屋顶式样、造型等罗列出来。

图3-18
午门楼重檐庑殿顶

午门正楼的屋顶是重檐庑殿顶，四角的屋顶是重檐攒尖顶。

屋顶的类型，如庑殿顶、歇山顶、攒尖顶、盝顶、悬山顶、硬山顶等。以上述几种屋顶为原型，加以变化，可以造出更多式样的屋顶，如重檐庑殿顶、卷棚庑殿顶，重檐歇山顶、卷棚歇山顶。攒尖顶的式样更多，有四角攒尖屋顶、六角攒尖屋顶、八角攒尖屋顶、圆形攒尖、五瓣梅花形攒尖等，还有组合型的屋顶，如歇山顶与悬山顶的组合、攒尖顶与悬山顶的组合。在组合型的屋顶中比较复杂的屋顶有千秋亭、万春亭、故宫角楼等（图3-18 ~ 图3-36）。

图3-19
保和殿
重檐歇山顶

保和殿是三台上北端的建筑。

图3-20
景阳宫
单檐庑殿顶

庑殿顶具有正脊和四条垂脊，也称五脊殿，或庑殿。景阳宫位于东六宫东北角。

图3-21
乾清门
单檐歇山顶

这是具有正脊、四条垂脊、四条戗脊的屋顶，也称九脊殿。乾清门是内廷宫殿的大门。

图3-22
钦安殿盝顶

钦安殿位于御花园内，是中轴线上宫内北端的建筑，是祭祀玄武大帝的神庙。

图3-23
盝顶井亭

井亭也属于盝顶建筑，但屋顶中心是通天的，不封顶。

图3-24
悬山式屋顶（斋宫西配殿）

这类屋顶是前后两面坡的屋面，山面的山墙只砌筑到梁下皮，梁架都是露明的。

图3-25
硬山式屋顶（承乾宫西配殿）

也是两面坡的屋顶，山墙与屋面相接，将木构架封护在墙体内。

图3-26　元宝脊歇山式屋顶山面（延辉阁）

图3-27
元宝脊歇山式屋顶（漱芳斋戏台）

元宝脊歇山式屋顶与歇山顶的区别是没有正脊，与正脊位置做成圆山式样，前后坡屋面的瓦垄是相通的。

图3-28
四角攒尖顶屋顶（御景亭）

图3-29
盝顶建筑（文渊阁碑亭）

图3-30
梅花形攒尖屋顶（碧螺亭）

图3-31
组合屋顶（故宫东北角楼）

利用歇山顶的正面和侧面组合成的紫禁城四座角楼。

图3-32
组合屋顶（万春亭）

利用庑殿的正面和屋角组合成多角建筑，其上架设圆形屋顶，如御花园的万春亭、千秋亭。

图3-33
组合屋顶（斋宫）

歇山顶加悬山卷棚抱厦。

图3-34
组合屋顶
（澄瑞亭）

四角攒尖顶加卷棚悬山抱厦，如澄瑞亭、浮碧亭。

图3-35
组合的屋顶
（四神祠）

八角攒尖加卷棚歇山式抱厦。

图3-36
屋顶形式多样（雨花阁）（故宫博物院供图）

雨花阁是平面为长方形的三层建筑，但屋面有三种式样：一层为坡屋面的抱厦，二层为卷棚歇山顶，三层是四角攒尖顶式样。

图3-31～图3-36的组合型屋顶，即将不同屋顶式样组合在一起产生多样的变化，丰富了屋顶的式样。

在屋顶的式样中等级最高的是庑殿顶，其次是歇山殿。所以紫禁城重要建筑都采用了庑殿顶。在这些屋顶上还有许多精美的构件安装在屋面上，如正吻、脊兽、瓦钉等，这些都是构造上需要的构件。在等级高的屋顶上对构件再予以加饰，如正吻加设镏金的吻锁、屋面的瓦钉帽采用镏金的铜钉帽等。无论屋顶式样简单还是复杂，这些优美的、造型各异的屋顶均由其屋顶的基础，即大木架构成。

（二）建筑群的色彩

皇家建筑的色彩有一致性，即红墙、黄瓦、白石栏杆，这是基本色调。这个色彩用在宫殿建筑、皇家陵墓建筑、园林建筑中，也用在敕建的坛庙上。这类色调的建筑群无论在城市中还是在群山旷野中，都能非常鲜明地映入人们的视线，这就是皇家建筑。

黄色是五色之一。《易经》载："天玄而地黄"，又说："君子黄中通理，正位居体，美在其中，而畅于四肢，发于事业，美之至也。"所以黄色作为居中的正统颜色，成为五色之上。在古代的五行学说中，将五色（青、赤、黄、白、黑）与五方、五行相配，土居中，故黄色也列为居中正色。五行学说与宫殿建筑物的相关性如表3-1所示。

五行学说与宫殿建筑物相关性　　表3-1

具体事物＼五行类别	木	火	土	金	水
方位	东	南	中	西	北
五气	风	暑	湿	燥	寒
生化过程	生	大	化	收	藏
五志	怒	喜	思	爱	恐
五音	角	徵	宫	商	羽
五色	青	赤	黄	白	黑

注：本表引自于倬云主编《紫禁城宫殿建筑》

在此只讲色彩。宫殿建筑中闪闪发亮的大面积黄色琉璃瓦屋顶，就是为了显示此为皇宫、皇家之地。

红色是喜庆的，红色会使人联想到火、太阳，会有暖意，会有红红的美感。红色在宫殿建筑中都用在建筑物的中间层，即建筑的围护结构部分，如山墙、后檐墙、前后檐的门窗等部位。金色应列为黄色范围内，但具有光亮的特点。

一般金色使用在门窗的裙板、绦环板、菱花窗间的梅花丁等上。如门窗边框使用金龙看页、角页等，在红色油漆的相衬下，更显得光亮夺目。

所以宫殿建筑将黄色和红色作为主要色调。白石栏杆和白石建筑基座是为了与黄、红色彩映衬，形成冷暖色调的强烈对比，以此造成宫殿建筑极其鲜明的色彩效果。

装饰色彩，在宫殿中还使用了青、绿等冷色调。这些色彩多施用在屋檐下的彩绘和斗栱上。在彩绘上有青地、绿地的变化，不变的是所绘的金龙，以此增加冷色调的光亮。斗栱是以青、绿为主色调，在斗栱的边沿施以金色的边框，又在斗栱间的垫栱板上施以红地贴金的花饰。这样冷暖相结合的色调混合，可进一步增强富丽的效果。这样的色彩装饰只施用在最重要的宫殿上，如三大殿、后三宫、皇极殿等。其他建筑的色彩以其用途、位置予以区别，如花园中的一些建筑物，屋顶的色彩用绿瓦黄剪边、黄瓦绿剪边、蓝瓦黄剪边等，变化很多；门窗的色彩，有红柱框，也有绿色的柱框；门窗有施以红色调的，也有施以绿色的。在这个建筑群中，有一座不同色彩的建筑，这就是文渊阁，其色彩突出表现在：屋顶施以黑色琉璃瓦，绿色琉璃瓦剪边；木门窗全部施以绿色。黑色代表水，以水淹火之意；再加上脊饰为海水行龙，以此强调说明这里是藏书楼，突出防火。在这里还要提到对黑色的利用。在北宫墙内的，即神武门内的东西值房，均采用了黑色的琉璃瓦顶。因其位置在北方，以五色来讲，黑代表北方（图3-37～图3-40）。

宫殿建筑的外在形制、色彩、装饰、装修等都是摆在表面的，人人都可以看到的，著述也比较多，对此不再论述。

图3-37　文渊阁正立面（摄影：谢安平）

图3-38　文渊阁

图3-39　文渊阁外景
（故宫博物院供图）

文渊阁是清代乾隆时期为存储《四库全书》而建造，屋顶采用黑色琉璃瓦，绿色琉璃剪边。在装饰上突出防火：正脊、垂脊饰以海水行龙琉璃脊，桁枋饰以海马洑书彩绘。

图3-40
神武门内东值房
（摄影：谢安平）

神武门内值房采用黑琉璃瓦。

第四章

宫殿建造中的几个技术问题

建筑的美是与科学、技术分不开的，没有中国五千年的科学技术的发展与技术上的传承，是不可能产生伟大的建筑作品的。故宫建筑群是中华五千年建造技术的结晶。这样造型完美、制作精良、完整的工艺技术，从表面上是看不到的，只有深入实践，才能得到实在的真知。本人在故宫从事古建筑保护工作几十年，接触了一些，想将一些有关构造技术问题介绍出来，供有兴趣者研究。

一、建筑群中的设施

现代建筑中的设备设施较多，如给水、排水、供电、通信、消防、报警、视频防护等。在故宫建筑群中，主要的设施是排水、防火、供水、取暖和照明。

（一）排水

故宫内的主要排水方式为地面明排水、明沟排水及有石盖板的明沟、暗沟组合，所有的水最后流入内金水河（图4-1）。

1. 排水沟的设置

众所周知，故宫的排水设置是完善的，无论有多么大的降雨，在庭院内都没有积水（个别庭院地面砖缺损时，会有存水）。追其缘由，为排水设计合理、管理到位、日常清理以至沟渠没有堵塞的现象。

故宫地表南北高程相差1m有余，采用地面明排水与排水沟相结合的办法。在各个庭院内都是明排水，庭院中的排水口均设置在各院墙的南墙脚下，如东西六宫院内的南墙下有排水口（图4-2、图4-3）。出院墙后有明排水沟，然后分别向东西流入一长街、二长街的排水沟内。太和殿前的庭院排水是以中心甬路为起点分别向东、向西偏南方向明排水。在体仁阁、弘义阁和庑房的高台下，都有明沟向南排水。太和门北侧须弥座下有明排水的石盖板及与下面沟道结合的雨水沟。东南崇楼台下，由北向南和由西向东的雨水汇合，这里的雨水既有明排的沟槽，又有石板下的排水沟（暗沟内截面是0.47m×0.94m，图4-4）；再向东，由东南庑房下的暗沟直通文华殿墙外的内河。太和殿院落的排水走向为巽方。

太和门前到金水河一段采用明排水，向南直入内金水河；午门内向北至金水河一段的庭院是由南向北的地面排水，直接排入内金水河。

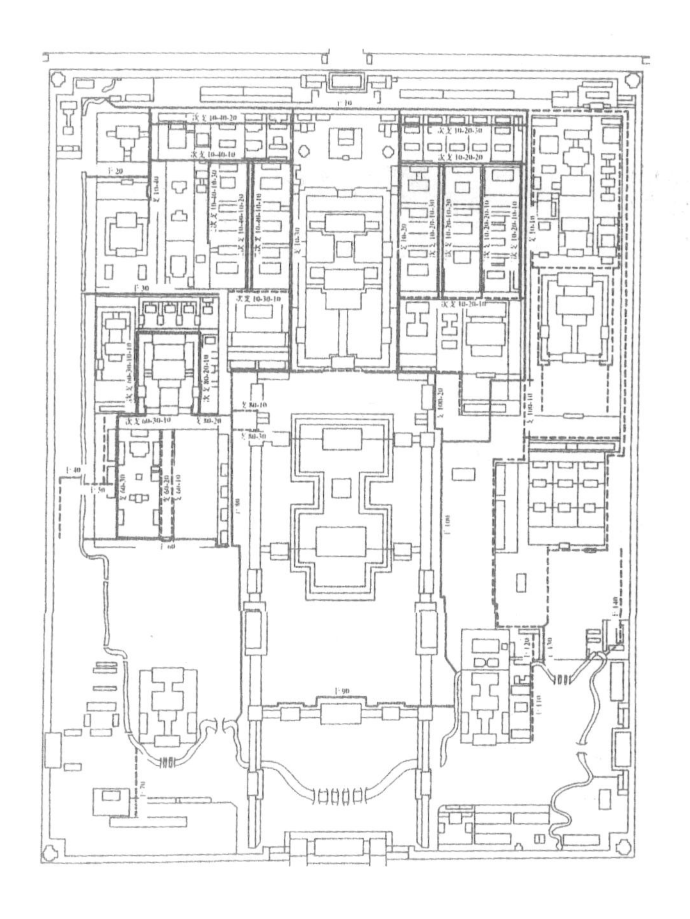

图4-1
故宫内部沟渠图

图中的实线是地面石盖板与下面的排水沟结合的沟；虚线均为暗排水沟。引自《中国紫禁城学会论文集》（第二辑）《紫禁城地下排水系统研究》。

图4-2　太极门外排水口

图4-3　纯右门旁排水口

图4-4
太和门内东侧排水明沟

太和门内东侧雨水明沟及漏水口，下面为排水沟。

2. 排水沟的构造

院内各排水沟渠的断面不等，从20世纪50年代到70年代末多次做清挖雨水沟的工程。对雨水沟的断面有一些记录，如神武门内的石盖板的雨水沟，其长约550m，沟宽1m，各段沟的上游与下游的流水面坡度不等[①]。西端的沟，深处有2.86m，再向西经一段暗沟直入内金水河。此外还有一些主要暗沟的截面记录：如保泰门外暗沟的截面0.65m×1.05m；保和殿东庑后雨水沟截面0.66m×1.35m，此沟向南延伸至左翼门南，暗沟道截面则改为0.7m×1.85m；保和殿西庑后，近右翼门处暗沟的截面是0.75m×1.00m，此沟延伸到弘义阁后的截面是0.75m×1.44m。支沟的截面面积有0.35m×0.35m、0.20m×0.47m、0.35m×0.61m、0.30m×0.64m等截面。

多年来只有清挖雨水沟淤泥的活计，对雨水沟的构造并不清楚。20世纪做消防供水管网时，与箭亭西侧的雨水干沟有交叉，才将雨水沟的构造全面揭示出来（图4–5）。这个沟的东沟邦为条石砌筑，下面是木桩；西沟帮为城砖砌筑，沟底只有一层城砖和一层石板。沟的断面为600mm×1300mm，从所揭示的断面看，此沟的东沟帮的做法比西沟帮复杂了许多。为什么？有两种推测：一是利用原有的一段遗留砌体，在此加设西沟帮而成；一是在实施时，因东沟帮处于烂泥塘地带，不得已采取桩基砌筑石条，这样的做法由箭亭略北一直向南延伸到左翼门附近。清挖雨水沟时见到更多的雨水沟两帮都是城砖砌筑，沟底有用条石板的，也有用城砖的。此处雨水沟的一段做法，不能代表故宫内所有雨水沟的做法。对宫内所有雨水沟的做法，尚待以后清理维护时逐步了解。

---

① 刘畅、赵仲华：《紫禁城地下排水系统研究》，详见《中国紫禁城学会论文集》（第二辑）

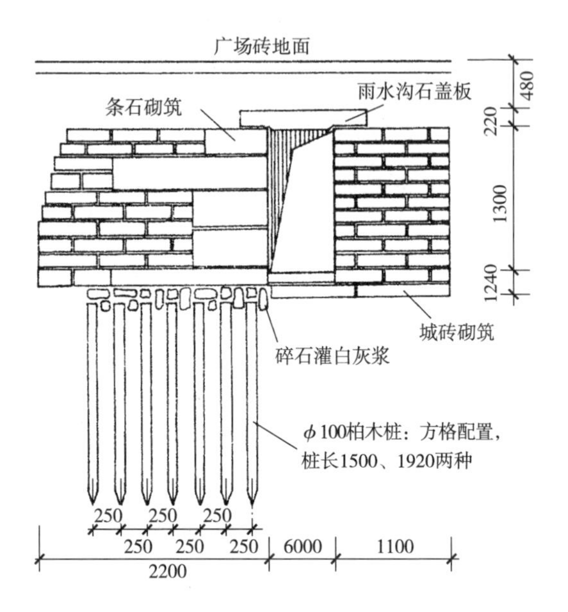

图4-5
箭亭西侧雨水沟实测图

故宫建筑群中的排水，历年来都比较畅快。故宫没有出现内涝原因，其一，开始建设时就有完整的系统的排水设计；其二，经常清理，雨水沟不清理也会形成内涝。清宫维修就有清理雨水沟的规定。中华人民共和国成立初期，故宫也有清挖雨水沟的工程。我还记得1972年返回故宫时，由于有近十年的时间没有维护，这里已是杂草丛生，雨水沟淤塞，内河墙坍塌、河帮倒塌，河道堵塞，雨水没有通路，一样是内涝的。那时对故宫制定了5～7年的维修工程计划，其中雨水沟清挖、河道清理、河帮维修等项工程实施后，直至现在没有内涝。

3. 内河的构造（内金水河）

清理太和门前和武英门前河道时，看到的都是条石铺底，整个河道是否满铺条石尚不清楚。河的泊岸构造情况，本人仅有过局部维修经验，现将所见情况略述：这段泊岸损坏的位置在熙和门外以北河道北侧转弯一带，在冰冻线上下部位，局部坍塌，维修时，也只是将坍塌部分拆砌。这里见到的是条石砌筑的河帮，条石的宽度不等，有300mm、400mm、500mm、600mm等。砌筑条石的总宽度在600mm以上，当条石宽度不足600mm时，则是并排条石砌筑；在条石背后砌筑有1000mm厚的城砖，城砖外侧有夯筑的灰土；灰土的宽度不等，冰冻线以下的灰土宽度在1000mm以上，上部逐渐减少，接近地面时只有600mm厚。对内金水河道的构造情况，尚未见到文字记载。泊岸的基础情况尚不清楚。

内河道穿过庑房和城墙下的涵洞、暗沟等的做法没有文字记载。宋代《营造法式》中的“卷輂水窗”的做法中有：“造卷輂水窗之制，用长三尺，宽二尺，厚六寸石造，随渠河之广，如单眼卷輂，自下而壁开掘至硬地，各用地钉（木橛子）打筑入地。”京城内遗留的金中都水关的做法，可以作为故宫内金水河道中的几处涵洞做法的参照（图4-6）。

图4-6
金中都水关遗址照片

在照片中能看到：流水通道的底部布置了木桩，桩上有4层砖石砌筑的流水通道，两侧帮均是条石砌筑。此为金代城下的水道，借此可了解这类工程的做法，也可想象明代宫内内河穿房、穿城墙的水道做法，从宫殿建筑的精致程度讲，皇宫的工程只能更加精细、坚固。

（二）防火

明代已将防火体现在建筑群的总体设计中了。现存建筑群中可以看到不少防火设施。

在长长的连房间加设防火隔墙，如保和殿的东、西庑，由北端的崇楼到左、右翼门北，总长近150m，从建筑外观上看，每五个开间就有一隔墙，在150m长的范围内，共有7座隔墙，这些墙都是山墙式样（图4-7），厚145cm，全部用砖砌筑，木构架之间没有任何连接，一旦起火，其火势也仅局限于两隔墙之间，防止火势向南北延烧。

乾清宫的东西庑各长210m余，同样加设了防火隔墙。在乾清宫东庑中的端则门、基化门的南侧设置近200cm厚的隔火墙。乾清宫的西庑中的凤彩门、增瑞门南也有同样厚的隔火墙（图4-8）。东西庑的隔火墙位置是对称的，在外形上与大面积的庑房是一致的，不仔细查看分不清这里是隔火

图4-7
保和殿西庑中的防火隔墙

在东、西庑中每隔五间就砌筑了山墙，山墙由基础至屋顶将房屋间的木构架隔开。目的就是防止火灾蔓延。

(a)

(b)

(c)

图4-8
乾清宫东庑中的隔火墙

(a) 乾清宫东庑的永祥门旁的2m开间内就是隔火墙，这里的木构桁、枋、斗栱、椽子、望板等均为石材仿木的构件。(b)、(c) 龙光门位于乾清宫东庑，增瑞门位于乾清宫西庑，都是同样的做法。

墙，在200cm厚的范围内都是用砖砌筑的。这里的檩、枋、斗栱和椽子、望板等构件，都用石材代替了木材，是精心设计的隔火墙。

同样的做法在乐寿堂的走廊与庆寿堂的连接廊间亦有，均采用了石材结构的走廊。

还有设置高墙和防火通道。如在建筑密集的故宫的北半部有东筒子、西筒子，在东、西筒子的两侧都是8m高、2m厚的大墙，一方面是建筑分区的需要，另一方面它也是重要的隔火墙。一般来讲，再大的火势也不会越过这堵高墙。在东西六宫中的建筑密集区，同样与后三宫两侧庑房建筑以通道隔开，通道的另一侧是8m高、2m厚的大墙，这就是东一长街、西一长街形成的防火通道。在东西六宫间，由各宫前的横巷和东、西二长街相连，每个宫殿院都有围墙，且院内建筑的背面，即后檐，都是封护檐，没有门窗，建筑的门窗是面对庭院的。只有个别的后殿有后窗，则此部分院墙要加高，如永寿宫后殿、承乾宫的后院墙都是加高的院墙。东西六宫中各个宫殿都是独立的院落，有围墙，周边设置通道，这些通道既方便出行，又能起到隔火的作用（图4-9～图4-12）。这些通道、高厚的大墙、加高的院墙和各院内建筑后檐的封护檐墙等，都是为隔火而设。

减少建筑物之间的直接连接。如太和殿、保和殿的两侧，明代是有走廊与东西庑房相连的。由于太和殿起火延

图4-9　东一长街的防火通道

图4-10　西二长街的防火通道

图4-11
西六宫横街防火通道

此通道内的北侧是翊坤宫，南侧是永寿殿的后殿，后殿有后出檐和后窗，在此处的后院墙加高，目的是防火。

图4-12　东六宫横街防火通道

烧到两庑，也由于东西庑的火势延烧到太和殿，所以康熙三十四年（1695年）重建太和殿时，将东西连接的走廊改为现在的大墙。

上述防火隔墙、防火通道等的设置，应是木结构建筑物间防止火势蔓延的有效措施之一。

（三）供水

水是宝贵的，生活是离不开“水”的。同样皇宫内也不能缺水。“水”从哪里来？

井水：在宫中每个院内都有一口井，有的宫院内是两口井。相传明代初建时，紫禁城内凿有水井72眼。宫内的水井主要提供生活用水，灭火的水源用井水和河水（20世纪60年代以后，由于大量抽取地下水，宫中的水井都已枯竭）。由于宫中的井水味道欠佳，皇帝更多的饮用水是由玉泉山向宫内运输。供水紧张时，则取传心殿院内水井的水应急。据说此井水有别于其他井水（图4-13、图4-14）。

水缸：在宫殿的通道上、宫门外、院子里设置了大量的铜缸、铁缸（图4-15、图4-16），都是储水的消防水缸。缸内储满清水以防火。冬季的防冻做法是：在缸外套上棉套，加设缸盖，在下边石座内置炭火。每年小雪时生火到第二年惊蛰时撤火，撤棉套。此外还有专用的激桶等灭火工具。这是那个时代的消防设施，可见皇宫内对防火的重视。

河水：用于宫中建设用水、消防灭火用水和浇树、浇花用水。围绕紫禁城的筒子河（即护城河），河宽52m，水深按照2m计算，储水量可达35000m^3。城内有内金水河，水从紫禁城西北角入城，即由筒子河引入，由英华殿西向南直通到武英殿后，流经武英殿西，向南转向东，经武英门前，直到熙和门北，进入太和门外广场，再向东由协和门北，流出中轴建筑群，沿文华殿的西、北、东三面经过，直达紫禁城的东南角，穿过城墙与筒子河汇合。内金水河全长2000m有

图4-13 宫中的井（后左门北侧的井）

图4-14 宫中的井（传心殿院内的井）

图4-15　位于东一长街的铁缸

图4-16　位于乾清门东侧的镏金缸

余，河道宽窄不一，最宽处10m，最窄的地方3～5m不等，水深约2m，内河总储存水量也有20000m^{3}有余。就紫禁城内外的河水量计算，总量应在550000m^{3}以上，供灭火用水，建设用水，浇花、浇树用水等，是充沛的水源。这条内河道又是宫中雨水的排放渠道，只要所有的雨水沟都畅通，这个河道就都能吸纳，并及时排到筒子河，流入北京市的市中河道。

（四）取暖

北京地区冬季是比较冷的，曾记得20世纪最冷的天气出现有-20℃，那时地面被冻得隆起、开裂，近些年的冬季最冷也不过-10℃左右，冻裂地面或隆起鼓包的现象已没有了。面对当时寒冷的天气，皇宫的取暖办法很多，有明火取暖，即烧炭的火盆，也有采用地炕、火炕采暖的方式。

宫殿建筑中有地炕的建筑很多，如乾清宫、坤宁宫、养心殿及其围房，东西六宫的正殿、后殿、配殿等到处都有地炕。表面看到的只是烧火的地炕口和排烟口（图4-17、图4-18），地炕内部构造是看不到的。由于很少有修整室内地面的工程，其构造情况很难见到。在20世纪90年代，修整神武门内东连房时，见到了地炕的做法（图4-20）。

地炕的构造有灶坑、主烟道、支烟道、烟室、回烟道、排烟口等几部分。灶坑设在室外，比较深，要求有烧火人蹲的位置，并有少量储柴煤之地。其后部是炉膛，往后直通室内主烟道。主烟道的高程是由底点逐步抬高的，在主烟道两侧设多条支烟道通向烟室。烟室是由砖垛组成的，在砖垛上架设方砖，再在方砖上铺砌地面砖，这就构成了通常讲的“地炕”。在烟室的两侧边沿设回烟道，直通室外的排烟口。排烟口多设在台帮上。在烟室的方砖堆上架设方砖时，方砖的底口要用灰浆勾抹严实，应不漏烟不漏气。铺装的地面砖，应是磨砖对缝的，亦应将地面砖的

图4-17　位于廊内的地炕烧火口（摄影：罗旭）

图4-18　烧火口的木盖板（摄影：罗旭）

图4-19　地炕排烟口（摄影：罗旭）

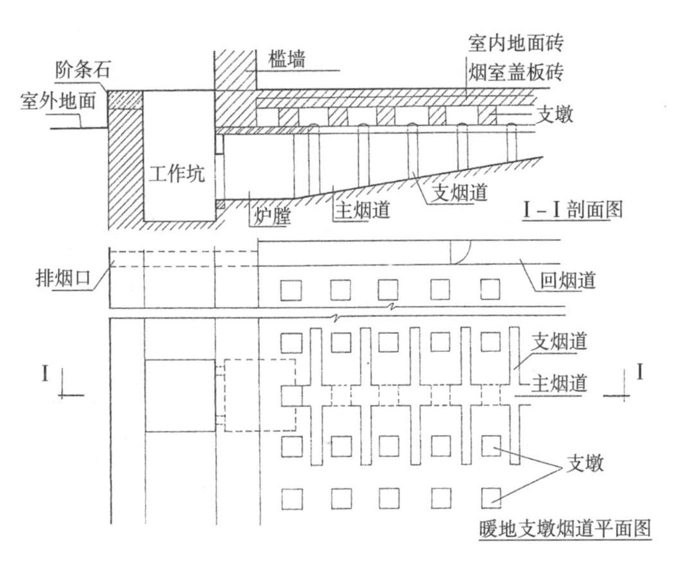

图4-20
地炕实测图

本图摘自《清代官式建筑构造》（北京工业大学出版社）。

上下口勾抹严实，以防止地炕烟道的烟气漏到室内。这是非常精细、严谨的工程。

冬季，在灶坑的炉灶内烧柴、烧炭或烧煤，所产生的热、烟气沿着主烟道、支烟道进入烟室的各个部位，使室内地面温度升高，进而使室内温度升高。这是中国北方特有的一种室内采暖措施，也是宫殿中主要的采暖方式之一。

二、建筑构造中的几个问题

（一）建筑物基础、庭院基础

古代建筑物的基础是怎样的？宋代《营造法式》中有夯筑碎砖黏土的做法，清代《工程做法》中有灰土基础。这些基础是什么样子？故宫内有几次做地下管网工程，如排污管道、供暖管沟等，笔者曾见到了一些碎砖黏土基础、桩基础，有的有照片，有的进行了测量。在20世纪做消防管网工程和通信、报警等工程时见到的基础，有大量的地面基础和一些建筑物的基础。本人有意搜集了基础资料，在工人午休时，去测量、拍照，现将在做管网工程中所见的各类基础分别叙述如下。

1. 碎砖瓦块与黏土夯筑的基础

《营造法式》中对基础的做法："用碎砖瓦石札（碴）等，每土三分内添碎砖瓦等一分"，又说"筑基之制，每方一尺，用土两担，隔层用碎砖瓦及石札（碴）等亦两担。每次布土厚五寸，先打六杵（二人相对，每窝子内各打三杵），次打四杵（二人相对，每窝子内各打二杵），次打两杵（二人相对，每窝子内各打一杵）。以上并各打平土头，然后碎用杵辗蹑令平，再攒杵扇扑重细辗蹑。每布土厚五寸，筑实厚三寸，每布碎砖瓦石札（碴）等厚三寸，筑实厚一寸五分"。这里既有筑基时土、碎砖、瓦块的配比，也有夯筑的方法和工序，还有质量标准。这样的碎砖黏土基础，在故宫内的地面下和建筑中是随处可见的，宫殿、门座、宫墙、城墙等明代建筑大都采用这种基础。其黏土层厚12～15cm不等，碎砖层厚度也不一样，薄的5～6cm，厚的8～12cm（图4–21）。可见是宋代工程中基础做法的延续。故宫北上门的碎砖黏土基础就是很典型的实例。

北上门是由神武门到景山南门间的门，是必经的交通要道。1956年扩充景山前街时拆掉了。只有拆掉了，才有可能完整地看到北上门的建筑基础。

北上门面阔五间，进深二间，屋顶是单檐歇山式，屋面黄琉璃瓦顶，木构架是九檩对金造。门座台基高1.20m，由台基座以下的地基范围全部为人工基础。在柱位处的基槽又

图4–21
宫殿中的碎砖黏土基础

本基础是在安全工程施工中所见（位于坤宁宫东暖殿北部），在施工中见到同样的基础很多，选此作为这类基础的例证。

深挖1m，由室外地平算起基槽深1.92m，柱子部位的基槽深2.92m，整个基槽都是由碎砖黏土分层夯筑的。在柱子下边的夯层有29层、27层、26层几种，房厢内夯层也不同，明间内夯筑18层、次间15层、梢间内12层，所有柱子的下面有柱顶石、砖砌筑的磉堆，再往下是碎砖黏土层（图4–22）。这种在房厢内全部用碎砖黏土夯筑基础的做法，是明代建筑基础的做法之一。

2. 灰土基础

清《工程做法》中的灰土做法：灰土是黄土与白灰的混合物，白灰与黄土的比例可以根据情况来定，通常用3：7的灰土。在槽内铺灰土时“每步虚土七寸，筑实五寸”。以打夯量来计算，有“夯筑二十四把小夯灰土”“夯筑二十把小夯灰土”“夯筑十六把小夯灰土”和“夯筑大夯灰土”等不同的夯筑方法。方法不同，灰、土的比例也有差别。《工程做法》卷四十七中主要讲灰土筑法，卷五十五讲灰土用料。

近代研究结果表明：灰土强度在一定范围内，随其含灰量的增加而增加，但超过限度后，灰土的强度反而会降低。最佳白灰和土的体积比为3：7，俗称三七灰土。灰土具有一定的强度，不易透水。故宫内见到的灰土有建筑物的灰土基础、地面垫层中的灰土、河道砌体后背陷的灰土等。

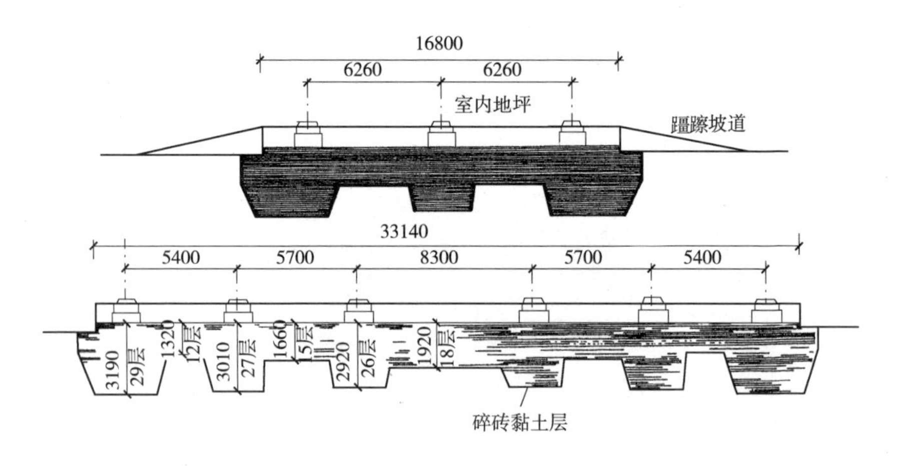

图4–22
故宫北上门基础实测图

北上门是位于神武门北通向景山的门，在1956年扩宽景山前街时拆除。拆除时下层还要埋管，这时将此基础全部揭开。单士元先生带着笔者到现场，并要求将此基础测绘成图。现在所有出版物中的北上门基础图，都是那时的原版图。

灰土基础在我国有悠久的历史。南北朝（公元6世纪）时，南京西善桥的南朝大墓封门前地面即是夯筑的灰土①。明代建北京宫殿时，大量使用灰土。据本人在故宫从事保护工程时所见，河道两侧的做法为：河帮石后砌筑城砖，其后有一道灰土衬。灰土是由河底的灰土基础一直夯筑上来的，护城河的灰土衬顶面有1m厚，内河的灰土衬顶厚0.6～1m不等，这道灰土衬既能抵抗后面的土压力，同时也起到防水、防砖石砌筑的河帮渗漏的作用。

故宫的庭院内，因庭院大小不一，地下原有的场地土质情况也不同，所以对地面基础的处理亦不同。如太和殿前的广场，同在这个院中，地面下的碎砖黏土层厚度不一，相同的是地面下距面层约0.5m左右都有一层灰土，它既起隔水作用，又是对大面积的地面基础的加固（图4–23）。它既可阻隔防止地面水流下渗，又可防止春季地下翻浆，出现地面变形。笔者在故宫几十年，即使冬季在–20℃的情况下，也没有见到宫殿院内或太和殿前大面积的广场冻胀起拱的现象，也未见到春季翻浆时的地面变形，应当说就是这层灰土的功劳。这种灰土，刚挖出时是湿软的，还带有黏性，色彩与黄土相似，待水分蒸发后变为硬块，不散不碎，色彩已泛出灰白色，在宫殿的庭院中可以见到大量的地面层中的灰土②。

在消防管网施工中，笔者还曾见过一种灰土基础，在挖掘时以白色为主，有少量的黄土或砂石，白灰是主色调。该灰土是分层夯筑的，每层的厚度不同，薄的有170mm，厚的有200mm，总共有4层。在每层灰土的面层上（即两步灰土之间）有20～30mm厚的薄薄一层灰浆层（图4–24），该灰浆层也呈灰白色，在两层灰土之间，比灰土层略暗。直观其

---

① 《中国大百科全书》（土木工程卷），北京：大百科全书出版社，1988年，第246页。

② 对这类灰土曾做过物理和化学分析，详情参阅《紫禁城建筑研究与保护》故宫博物院建院70周年回顾中的《故宫建筑基础的调查研究》。

图4-23
庭院地面下的
基础实测图

这里表示的是两个庭院的地面基础：太和殿前下沉地面的基础，由于此处场地很大，基底情况不一，所见到的人工基础深度不等；乾清宫前的下沉地面下的人工基础，比太和殿前的地面基础浅一些。所见的庭院基础有一个共同点，就是在地表面下500mm左右的深度有一层灰土，厚度150～250mm。灰土的厚度不等，但埋深是相同的。这样的地面灰土，在故宫内很多庭院都是相同的，所以故宫博物院老专家、老院长单士元先生讲“故宫的基础是一块玉”。那时只是笼统地说“故宫的基础是一块玉”，但没有分清是建筑基础，还是地面基础，所以在专家中的看法上是有分歧的。依本人所见实物分析，应当说“地面基础是一块玉”，可能就没有分歧了。

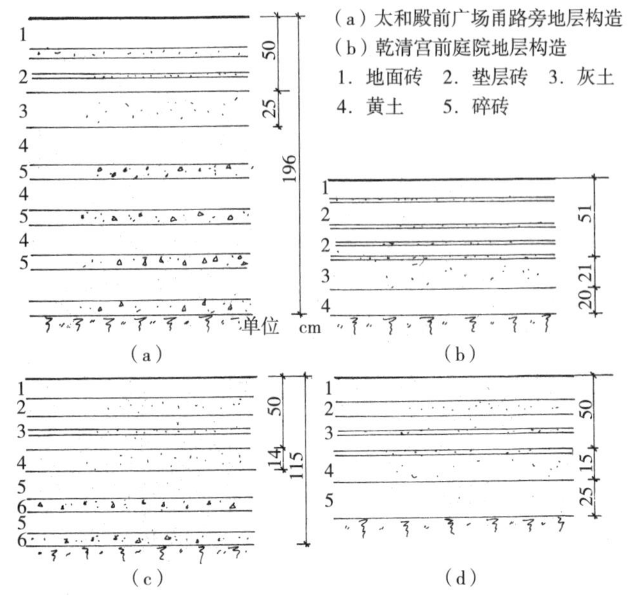

（c）太和殿前广场地层构造
（d）保和殿东庑前庭院地层构造
1．地面砖　2．墁地灰泥　3．垫层砖
4．灰土　5．黄土　6．碎砖

成分，似有白灰浆、胶黏土、砂粒、碎石子、碎砖等颗粒。从形象上看很像现代筑混凝土捣固后表面出浆的状态，非常细腻，硬度很大。挖掘时又感到软中有硬，富有弹性。灰浆层与灰土紧密地结合在一起，整体性和防水性都很强。清《工程做法》中对小夯灰土的做法有这样的叙述：“第二步须在此步上趁湿打流星拐眼一次，泼江米汁一层。水先七成为好，掺江米汁，再洒水三成，为之催江米汁下行，再上虚，为之第二步土，其打法同前。”在两步灰土之间泼洒江米汁（即糯米汁）是为了增加两层灰土之间的结合力。按清陵工程历届成案，江米汁是以水一千斤，江米三合、白矾六钱的比例调制。现在所见的灰土恰可以成为这种灰土做法的实证。

图4-24
灰土（箭亭西）

此灰土也是在安防工程施工中的沟槽内所见的建筑物的基础，是对清代灰土实施后的实况记录。

3. 桩基础

我国古代的桩是木制的。木材坚韧耐久，适于做常年处在地下水位以下的基础材料，常见的是柏木桩。

《营造法式》中讲到桩在涵洞上的应用时说："如单眼卷自下两壁至硬地，各用地丁（木橛也）打筑入地。"这里的"地丁"指的就是桩。清工部《工程做法》中将桩基础也称为"地丁"。桩的长短不同，其名称也不尽相同。长一丈至两丈的桩称为"木桩"；长度在一丈以下的桩都称"丁"，地丁规格分为一丈、七尺、五尺。

桩的下部砍成尖，套以铁桩帽，上端则施以铁桩箍一道，施工时"桩"用铁礅筑下，"丁"用铁锤筑下。桩排列的疏密，视场地土质情况而定，即"按地势软硬，用丁之径寸、疏密，临期酌定"。在故宫内曾见到的桩，有城墙下面的桩，在北城墙、东华门和西华门附近施工时均见到桩基。在现地面4m以下，采用的是柏木桩，桩直径100mm（即3寸）左右，木桩的排列方式为梅花形，称"梅花桩"，木桩间距为500mm（即1.5尺）。西华门内建影壁楼时，拆了西华门马道，在拆的过程中远远看到了那里密集的木桩。当时只能远看，对所见木桩描绘了草图（图4–25）。另外还曾在

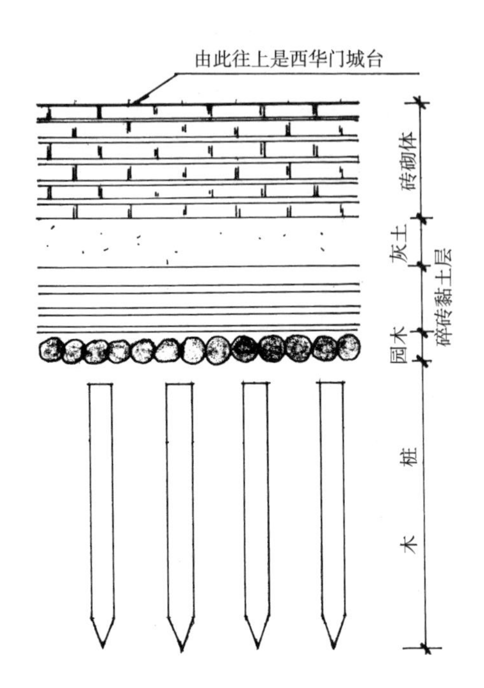

图4-25
西华门城台的基础示意图

西华门旁建影壁楼时，拆掉了上城墙的马道，在靠近城台的地方看到的基础情况。那时没有相机拍照，施工现场也不能靠近，就在远处将实况勾画出来，以作资料。

故宫内见到一段雨水沟基础，其木桩排列密集，也是柏木桩。木桩直径100mm，长有1500mm、1920mm两种规格，桩尖削三面成形，桩的间距为250mm。

桩承台。将桩基础的顶端连接成整体，桩顶高出地面或河面的称高桩，建筑物的桩基低于地面，称为低桩。这种基础适用于土质软弱、地基承载力低、场地土质不均匀的地段上，是防止建筑出现不均匀沉降而采取的一种措施。在《营造法式》中提到这种建筑基础，如："凡开临流岸口，修筑屋基之制，开深一丈八尺，广随屋间数之广，其外分作两摆手，斜随马头，布柴梢，令厚一丈五尺，每岸长五尺，钉桩一条（长一丈七尺，径五寸至六寸皆可用），梢上用胶土打筑令实（若造桥两岸马头准此）。"这里的"柴梢"是横向铺放的木材，起承台的作用。在故宫内见到的几处建筑的遗址基础，就是筏形基础。它的底部是木桩，木桩顶上纵向、横向铺着两层排木，构成承台（图4-26、图4-27）。每根桩

图4-26 故宫内见到的承台木桩基础

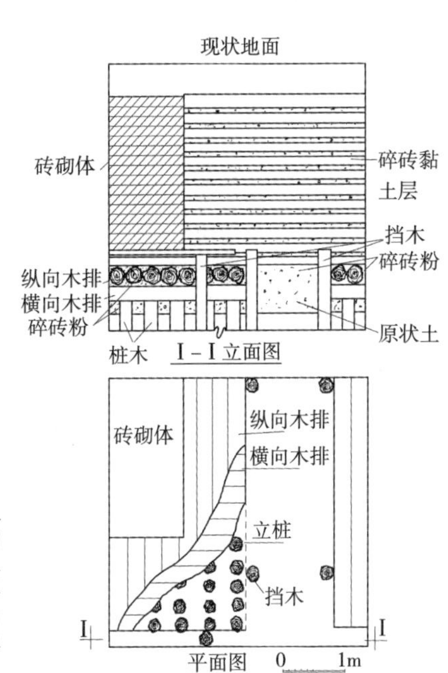

图4-27
慈宁宫东侧基础实测图

这是在安防工程实施时所见：照片是基坑的实景，图示是在现场所绘，应是在宫内再次看到的桩承台基础。因此地紧靠慈宁宫大殿的东侧，已满足施工要求，没有再扩大探查（《文物法》规定在保护建筑群内不得进行考古）这里是明代的哪座建筑、为什么做这样的基础。

和排木的直径大约200mm。由于是小面积的施工而未能看到整个排木层，桩或排木的长度都不清楚，但是它让我们看到了古代承台和桩基的构成情况。2014年在慈宁花园东侧的通道内又发现了同样的基础（图4-28），与在20世纪90年代于慈宁宫东侧的顶管中所见基础做法是相同的，有竖向木质桩和纵横铺设的原木，呈现出平台。因文献中没有这种做法的命名，笔者按照现代建筑基础的名称，称其为“桩承台”（此称呼是否合理可以研究）。这两次所见的桩承台基础，都是

图4-28
慈宁宫花园
东侧通道内基础

这是在慈宁花园东院墙外的基坑内见到的基础，其做法与慈宁宫东的基坑内的基础相同。将此基础与慈宁宫东侧的基础对比，这一带应是明代大善殿、仁寿宫等建筑的基础，同时也反映出这里的场地土质是很差的烂泥塘，所以才采用桩承台基础。

在慈宁宫地区，很有可能是明代早期的大善殿和仁寿宫的遗址[①]。20世纪70年代做南部污水管道和引进热力管网时，在东华门附近施工也曾见到类似的“桩承台”，因只见到基础中有一层排木，已满足施工要求，没有再深探在此层排木下的基础情况。

据以上所见，推断故宫内地基的处理做法：一种是换土法，一种是密实加固法。

换土法：将基础底面下一定深度范围内的软弱土层、杂填土层挖出去，换填上无侵蚀性的低压缩性散体材料，即碎砖、黏土分层夯实，作为地基的持力层。在故宫有大面积的碎砖黏土层基础，构成了整体的基底作为持力层，它的稳固性和承载能力都非常安全可靠。

密实加固法：主要是指打桩，以桩加固土层。从所见实物资料看，木桩打在粉砂层上。随着承载力要求的不同，用桩的数量、密度及粗细都不一样。不难看出，古代的木桩用在土质松散地带，挤密土层，固定砂层，使桩与土、砂共同组成坚固的持力层。

桩承台基础往往是置于基底，将流沙、烂泥加固后，再夯筑碎砖黏土或直接砌筑砖体。

故宫建筑群中所见的这些基础都非常坚实，所以在历次大地震中故宫的建筑都没有大的损坏。

（二）石构件的连接

石构件的安装做法，尚未见文字叙述，清代《工程做法》中只介绍了安装时要用的辅料，如粘补石料的焊药、补石配药、勾抿石缝油灰等所需用的黄蜡、白蜡、芸香、面粉、木炭、白灰、桐油等，这些材料只能是石构件连接中的

① 据《春明梦余录》载：嘉靖十五年（1536年），以仁寿宫故址并撤大善殿，建慈宁宫。

辅料，能起到粘接和腻缝的作用。故宫建筑中用了大量巨大的石材，将巨石层层叠叠地稳固安置在一起，制造出高大的须弥座，并且历经六百年没有坍塌、损毁和走错，应归结于石构件间的连接工艺。故宫内可见的是石栏杆间的榫卯连接，而大量的石雕御路、须弥座等的安装方式，石材间的连接做法，都没有见到。恰好在圆明园遗址中可看见石构件的一些做法，现凭所观察到的现象，作简要的叙述。

在石材间的连接主要有两种做法：一是榫卯连接，一是铁件连接。

榫卯连接：石栏杆的安装主要靠榫卯，但这些榫卯做得很粗糙，在雕凿时只在接口处留出庥，安装后却是严丝合缝的。地栿与望柱的连接，是在地栿上凿出安装望柱的槽口，也有的在地栿上凿出比较深的卯口，显然在望柱底要凿出长的榫头，才能将望柱固定在地栿上。栏板与地栿间，有的是凿出槽口，也有的要凿出榫卯。在栏板与望柱间，是于望柱“两肋落栏板槽，榫眼，底面作阳榫”[①]。栏板两侧要略凸出一些粗石，并凿出榫，与望柱结合在一起（图4–29～图4–31）。所以它们间的连接，一是榫卯在起作用，二是还要有互相间挤压的作用，增加相互间的摩擦力。在石材的相接处，用油灰等勾抹严实，使之牢固。

石础与石柱等石构件是上下叠摞的做法，在圆明园的遗址中看到，有的石材上有凸出的榫，有的石础上凿出了规整的卯口，这应是上下石之间的连接办法之一（图4–32～图4–35）。

用石材作立柱时，它的底脚安装在础石上，在础石上留有榫卯和雕刻很浅的槽，且表面粗糙，这样安装的石立柱，既有榫卯的管控，又有自重和接触面的摩擦力，使其能稳固

---

① 见王璞子《清官式石桥做法》。

图4-29
协和门北半桥翘上地栿的卯口，是安装栏板、望柱位置的卯口

图4-30　圆明园遗址中的地栿卯口1

图4-31　圆明园遗址中的地栿卯口2

地站立在柱础上。在石板墙处也有大量凿刻的浅槽，表面凿得粗糙，靠摩擦力使之不错位。更多的构件，凡露明的地方都磨光，凡石材与石材或砖砌体接触的地方，都制作粗糙，增加摩擦力，便于连接。

石构件间的横向连接：如建筑物的台明所用的压面石、山面的台明石、西式建筑中的台明石都比较窄，为防止走错，往往在石材的接缝处加铸铁的银锭扣或用铸铁的拔锔。许多大的石构件上，可以看到与左右构件相连接的铁件的沟槽，在圆明园遗址的现场还见到了有铁件的遗物。还有的大型石构件可以同时看到既有上下连接的榫或卯的存在，也有为连接所用的铁拔锔的沟槽（图4–36、图4–37）。由此联想到故宫建筑的须弥座高台所用的大石料间的连接方式。

石桥券石的连接："两石接缝之处，必须凿槽，安装扣铁锭或铁锔，各依照固定位置数目扣钉，以防石块有错缝

图4-32　圆明园遗址中柱础的卯口

图4-33　圆明园遗留的石构件中的榫

图4-34
圆明园遗址中石构件

石构件上遗留安装铁件的沟槽和锚固的孔。

图4-35
圆明园遗址中的石柱

石柱上的榫窝与安装铁件锚固的孔。

图4-36
圆明园遗址中的储水池帮压面石上的铁件连接遗迹

图4-37
圆明园遗址中的河帮压面石的铁件连接遗迹

图4-38
圆明园遗址中的
石桥券

券上的铁件槽孔完
整地保留在桥券上。

倾欹之患。"[①]上述做法恰巧在圆明园遗址中看到了实例（图4-38）。

虽然故宫内的石构件的连接没有机会看到实例，但在圆明园的遗址中所见，可作为故宫建筑中石构件间的连接方式的佐证。

（三）木构件间的榫卯连接

传统的木构架建筑是由数百根、数千根甚至上万根大木构件组合而成的。要保证木结构建筑的坚固、稳定，各构件间的连接必须是非常牢固、紧密的，能承担自身应有的荷

① 见王璞子《清官式石闸及石涵洞做法》，载于"故宫博物院学术文集"·《梓业集——王璞子建筑论文集》。

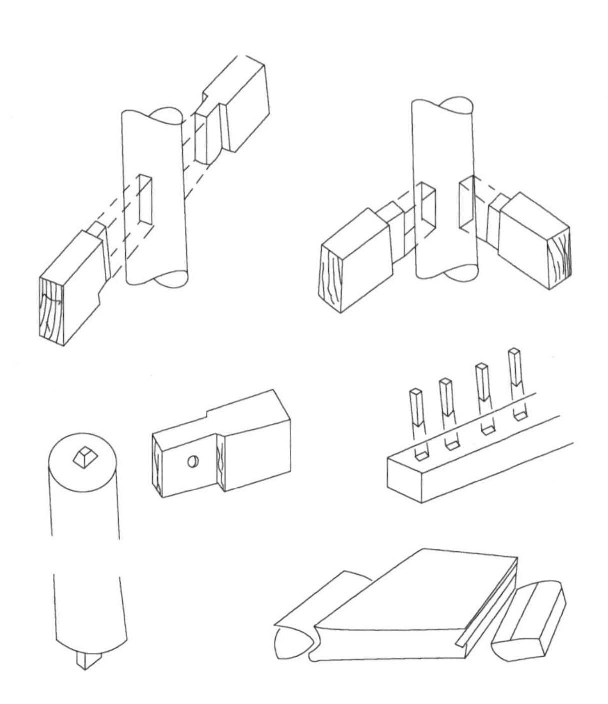

图4-39
浙江河姆渡遗址出土木构件上的榫卯

本图摹自1978年第1期《考古学报》。

载，还能承受外加在建筑物上的风、雪、地震等作用力而不倒塌。中国古建筑自有一套木构件连接的成熟手段，由现在的考古发掘看，公元前5000年的河姆渡遗址，就已出现了房屋木构件，“在许多构件上已采用榫卯套接技术，特别是燕尾榫、带梢钉孔的榫和企口板的使用，更反映了木作技术的突出成就。”①（图4-39）在漫长的历史发展中，木结构的连接手段也在不断地发展完善。榫卯是构成中国木构架体系中最重要的一环，但在现有古建筑文献中很难找到对榫卯形制、尺度等的研究。如宋《营造法式》中只有几个榫卯的图示，没有说明，也没有尺度关系（图4-40～图4-42）；再如清《工程做法》中只在选料时，提到应增加榫的长度以及应

①《中国大百科全书·文物博物馆卷》

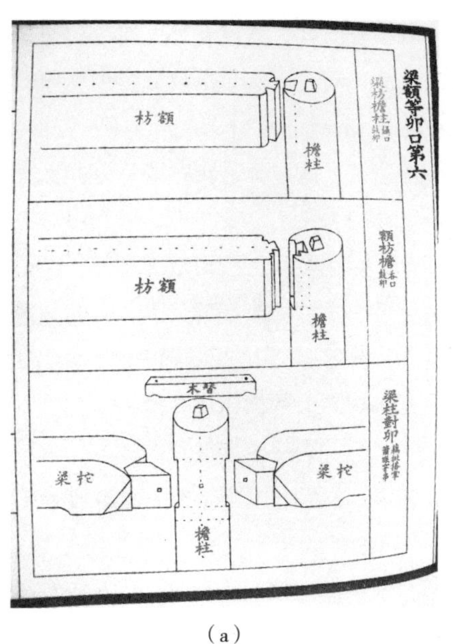

（a）

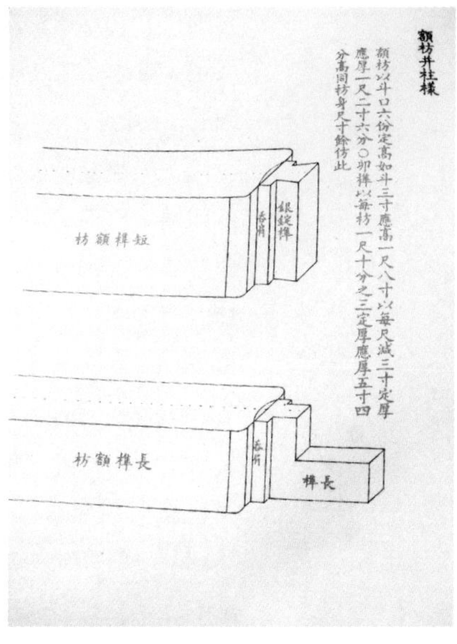

（b）

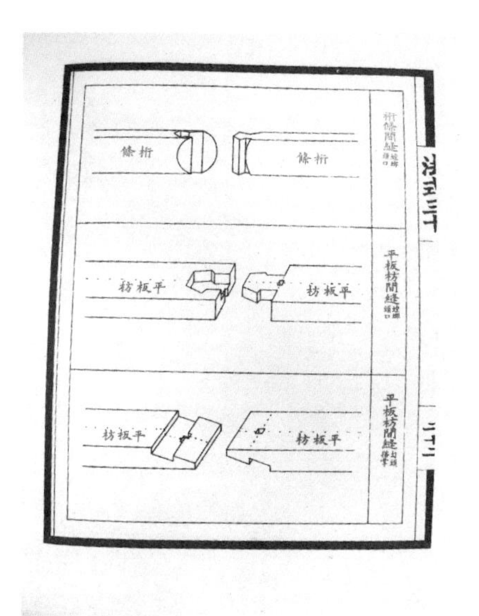

（c）

图4-40
宋《营造法式》中的榫卯图

本图摘自宋代李诫编修的《营造法式》，中国书店影印。
（a）构件名称为清代《工程做法》中的名称，所标的构件尺度也是清《工程做法》中的尺度；
（b）木构件中的螳螂头榫、勾头搭掌式样，应是宋代的榫卯式样；
（c）图中出现了替木，这应是宋代的构件名称。

有的尺寸，榫子的式样既没有图样，也没有尺度要求和文字叙述；梁思成先生著的《清式营造则例》也没有讲到榫卯的问题。

在一座复杂的木结构建筑上的主要连接办法是榫卯，式样如何？构件之间又是怎样的关系？笔者在工作过程中对榫卯的式样、尺度等也一直都存在疑问。所请教的老师和师傅均没有确切的答复（估计可能是师徒传授的关系，有的知识秘不外传，本人不是徒弟，所以问不出所以然）。在设计复建景山寿皇门时，对原有木构件上的榫卯逐一描绘、测量，这时才有了对榫卯的一些了解。现将所接触到的榫卯一一罗列，供有兴趣者研究，同时也是对中国木结构建筑研究中“榫卯”项目的补充。

榫是在已制作成形的木构件上预留的一段，将其应有的榫子式样制作出来；卯是在与之连接的构件上掏出与榫子契合的空间，将榫插入卯内，两个构件连接在一起，此即通称的榫卯。

榫卯的形式很多，有竖向构件间连接的榫卯，有横向构件间连接的榫卯，也有横向构件与竖向构件相连接的榫卯，还有拼接板材的榫卯等。榫卯的形象与其所在的位置有关。

现以寿皇门的构件中所见的榫卯，将常见榫卯的形式分为竖向构件的榫卯、竖向与横向构件连接的榫卯、转角搭接的榫卯、横向构件间连接的榫卯、平行构件间的销等，分别叙述。并依所见的榫和构件本体的宽、高尺度关系作比较。所列构件，仅以寿皇门所见构件的榫卯为据。

1. 竖向构件的榫卯

竖向构件是指所有的“柱子”，如立在地面上的檐柱、金柱、角柱、山柱、中柱等；还有立在木构架上的瓜柱、交金瓜柱、童柱、雷公柱等。为了固定柱脚，所有柱子的底脚都有榫，称为管脚榫（图4–41）。

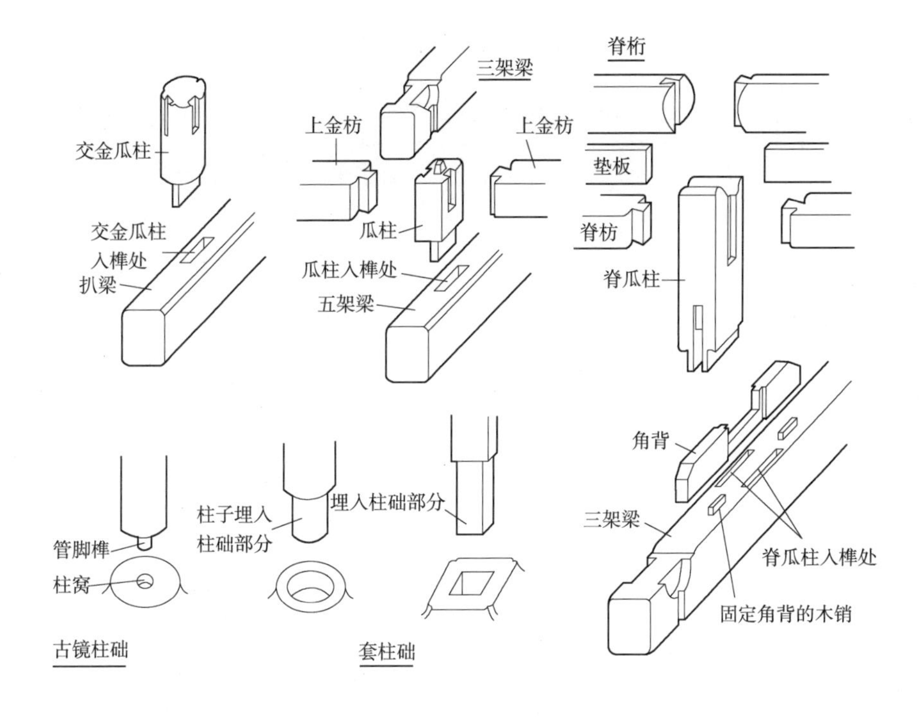

图4-41
各类柱脚榫卯示意图

立在地面上的柱脚及与柱础的关系图；木构架上的瓜柱、交金瓜柱、脊瓜柱的柱脚榫式样图（摘自《清代官式建筑构造》，北京工业大学出版社出版）。

立于地面上的柱子，在木柱底部留出的圆形榫头，就是管脚榫。此榫是插在柱顶石中心的圆窝内，即榫窝（也曾见到柱顶石上没有榫窝的）。对木柱上榫的尺寸是有要求的，在清《工程做法》中讲到："檐柱每柱径一尺，加上下榫各长三寸，如柱径一尺五寸得榫长四寸五分。"这就是说，榫的长短与柱径是有一定的比例关系的。现将实测寿皇门的檐柱、中柱管脚榫的实际长度，与《工程做法》中所给的尺寸作一比较（表4-1）。

柱子榫长度与柱径的比较 表4-1

	檐柱径（mm）	中柱径（mm）	《工程做法》规定檐柱径	备注
柱底径	460	500	檐柱径六斗口，折合公制480mm	檐柱径略小于六斗口
榫径	110	100	没有规定	
榫长	80	80	榫长应是4.3125寸，折合公制138mm	小于《工程做法》规定尺度

注：本门座斗口80mm，依《工程做法》计算管脚榫长。

檐柱径460mm，折合1.4375营造尺，其榫长应是4.3125寸，折合公制138mm；中柱径500mm，折合1.5625营造尺，其榫长应是4.6875寸，折合公制150mm。由表中的数据看，实测的管脚榫长度比《工程做法》规定都小，且都是同一的尺寸。榫长80mm，恰为一斗口，也就是营造尺的2.5寸。与《工程做法》规定的“柱径一尺加三寸的榫长”是不符的。寿皇门的檐柱、金柱、角柱、山柱、中柱的管脚榫是同一的长度（图4-42~图4-44），显然与《工程做法》的规定有了差别。估计《工程做法》给的长度，可能是在下料时应备荒料尺度，而制作的尺度没有明确要求。《工程做法》中没有对榫径的要求，从实测看，榫径与柱径比值为4∶1和5∶1两种情况，榫长为一斗口，这只是实测的榫径和长度，是否是标准，有待于大量测量、比较确定。

立于梁架上的短柱，为固定柱脚，凡立于木架上的柱子都做出榫，这些榫也属于管脚榫类，如瓜柱、交金瓜柱、雷公柱等。这些短柱的榫子式样有方形、长方形和圆形。实际测量寿皇门的瓜柱长340mm，宽380mm，榫长330mm，宽55mm，高70mm（图4-45、图4-46）。在清《工程做法》中对瓜柱、交金瓜柱的榫都以“柱宽一尺外加上下榫各长三寸，如柱宽一尺四寸，得上下榫各长四寸二分。”（实际指的是榫高）没有榫的长、宽要求，显然对榫的尺度要求和式样并不明确。现以寿皇门的瓜柱、交金瓜柱、雷公柱的柱径与管脚榫的关系尺度列表如表4-2所示。

瓜柱、交金瓜柱、雷公柱与管脚榫的比较　　表4-2

	瓜柱（mm）	交金瓜柱（mm）	雷公柱（mm）	备注
柱径	340×380×490	330×380×810	直径380 总高1285	瓜柱呈方形，交金瓜柱呈椭圆形，雷公柱呈圆形
榫（长×宽）	330×55	330×60	下榫直径90 上榫270×90	
榫高	70	100	下榫径90，上榫通高1160（宽高不一，下端290×285，中190×105，上端120×770）	雷公柱上榫分为三个台阶

由表4–2中可以看出这些矮柱的管脚榫高有70mm、90mm、100mm三个数据，折合营造尺是2.1875寸、2.8125寸、3.125寸，在这里只能看出榫子高度在2～3寸，与柱径的比例关系是找不出来的。是否与柱高有关呢？瓜柱高490mm，交金瓜柱高810mm，雷公柱高1285mm，分别与管脚榫高的比为：10∶1、8∶1、21∶1。这种比值也没有规律，显然这类构架上的短柱的柱高与榫高没有关系。榫的截面是否与本构件的截面有关呢?瓜柱截面0.1292m^2，榫截面0.0154m^2，其比值为8.4∶1；交金瓜柱的截面面积0.1964m^2，榫的截面面积0.0198m^2，其比值近乎10∶1；而雷公柱的直径380mm，榫的直径60mm，其直径比值6.3∶1。如果换成截面面积比即是1134.12∶6.36，约为17.8∶1，比起其他木构架构件的截面面积比值还要小了许多。现在看在构架上的管脚榫的计算方法不一，其原因何在？看来必须有大量的实在的测绘数据，才能解答在构架上的柱脚榫子的尺度问题（图4–45、图4–46）。

2. 竖向与横向构件连接的榫

这里指的是柱头之间的构件连接。在建筑的面阔方向，檐柱与檐柱间是由额枋连接两柱头的；檐柱在进深方向是与

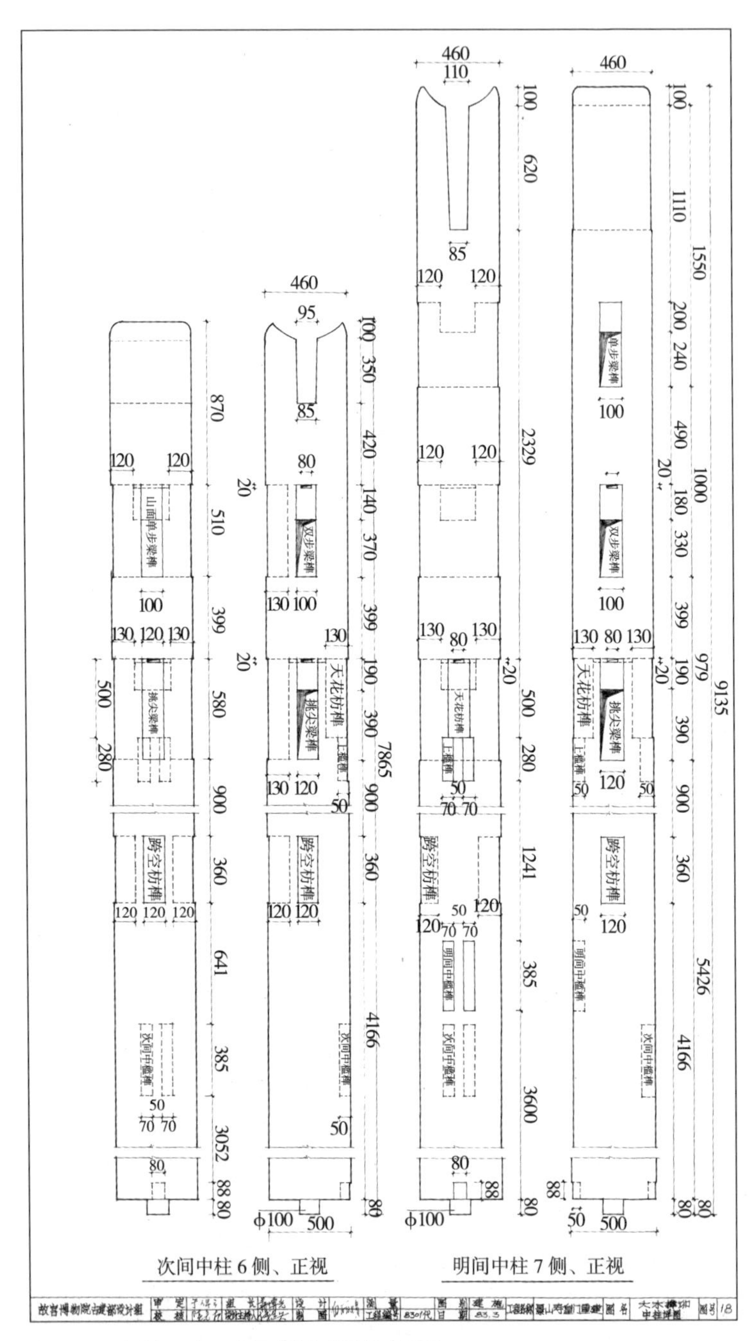

图4-42　寿皇门明间、次间中柱与管脚榫实测图

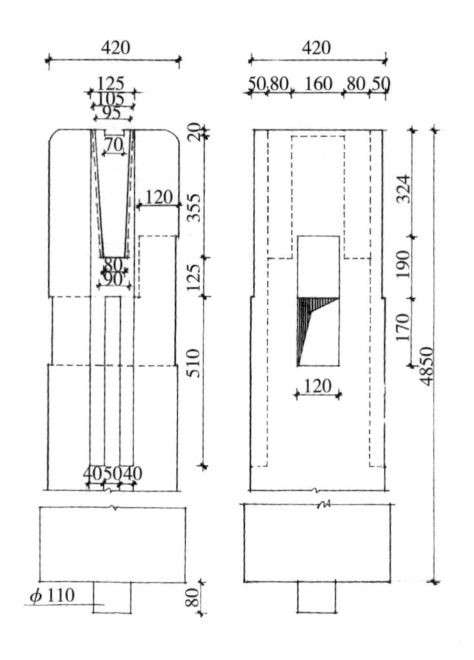

图4-43
寿皇门明间檐柱侧、背视图与管脚榫实测图

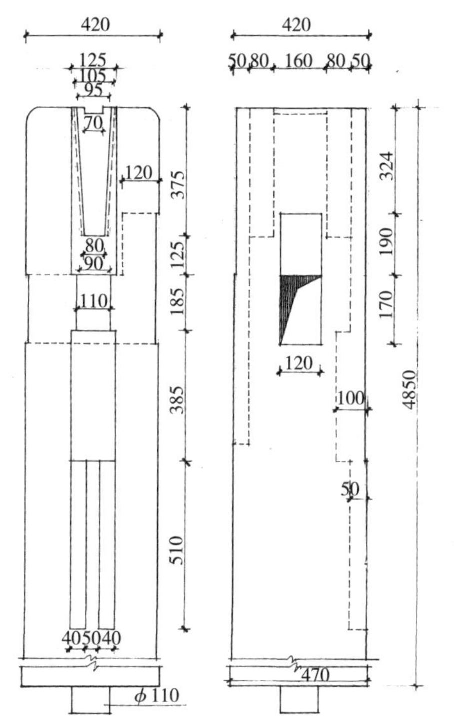

图4-44
寿皇门次间檐柱侧、背视图与管脚榫实测图

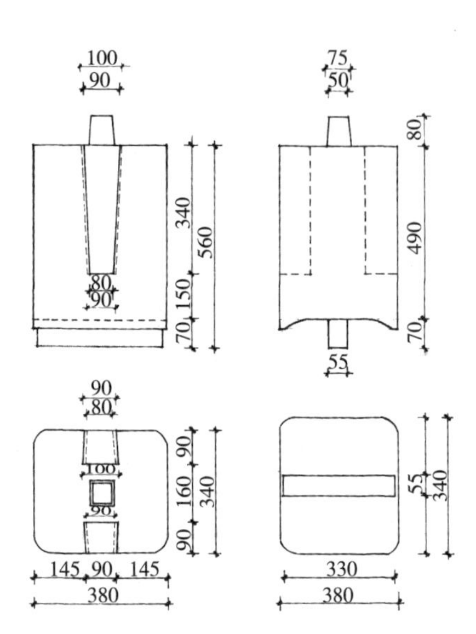

图4-45
寿皇门瓜柱实测图

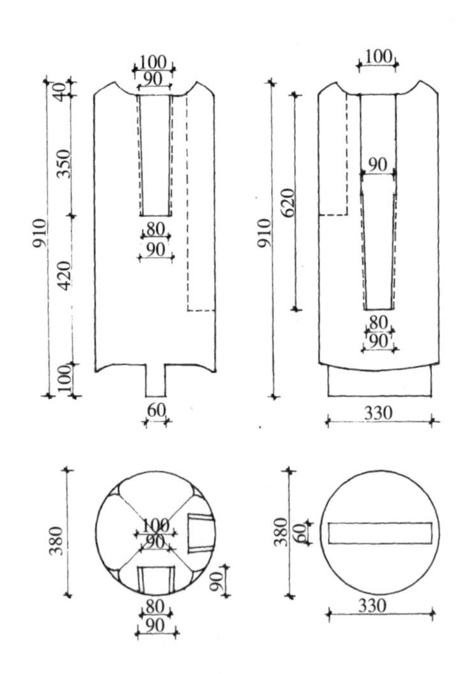

图4-46
寿皇门交金瓜柱
实测图

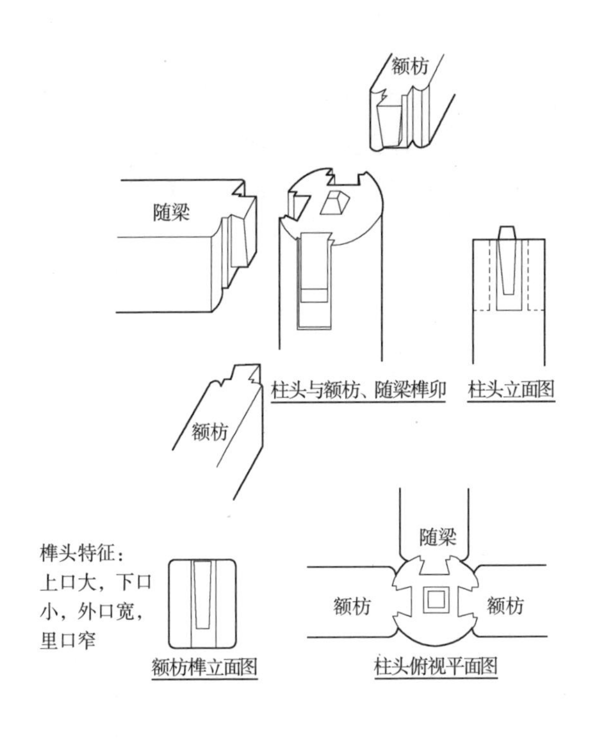

图4-47
檐柱头与额枋、随梁间的榫卯示意图

摘自《清代官式建筑构造》，北京工业大学出版社

随梁、跨空枋或穿插枋等构件连接（图4-47）。

以在檐柱上左右相接的额枋为例：额枋凿出榫，其榫为两部分，即吞肩和银锭榫，在柱头上亦凿出可安装额枋榫的卯口。明清以来的榫卯式样与宋代是有区别的，如宋《营造法式》的图中可见（见图4-40），图旁注明“额枋以斗口六分定高，如斗口三寸，应高一尺八寸，以每尺减三寸定厚，应厚一尺二寸六分。榫以每方一尺十分之三定厚，应厚五寸四分（注：这个尺度是以额枋的高度确定榫子的厚度），高同方身尺寸。”说明榫的宽为额枋高的1/3，高度与构件同，但没有给出榫的长度。清代的额枋榫式样尺寸是寿皇门实际测量到的尺寸：额枋高500mm，宽400mm，榫宽125mm，高500mm（吞肩部位的尺寸），榫总长125mm（其中吞肩长45mm，燕尾部分长80mm，高度只有355mm）。宋《营造法式》中只给了榫子的高和厚计算：榫高应是500mm，榫宽度依额枋的高计算为500 × 0.3=150mm；如以额枋的宽度计算为400 × 3=120mm（注：依榫的高度和宽度计算，与宋《营造法式》所给的尺度都是不合拍的）。现将实测寿皇门额枋榫的尺寸与宋《营造法式》所给的尺寸比较列表如表4–3所示。

宋、清两代额枋榫的尺寸比较 **表4-3**

构件名称	构件（宽×高）	榫子（长×宽×高）
宋 额枋尺寸（宋尺）	1.26 × 1.8	0 × 0.54 × 1.8
寿皇门 额枋尺寸（mm）	400 × 500	125 × 125 × 355

表中的数据可以说明：

宋《营造法式》所给的额枋榫只有宽、高尺寸，没有榫的长。如以额枋宽的1/3计算，则榫的尺寸应是0.378寸，现《营造法式》中给出的0.54寸，此数据是额枋高的1/3，以此看榫的宽是由额枋构件的高度决定的。

清代寿皇门的榫宽如以额枋宽计算，应为400 × 0.3= 120mm，显然小于现存的构件榫子的尺度，如以额枋的高计算，应为500 × 0.3=150mm，又大于现存构件榫子的尺度。如按额枋高的1/4计算，则榫宽为500 × 0.25=125mm，与现存实物相符。这样计算寿皇门的额枋榫宽度应是以额枋构件高度的1/4来计算的，此数据也只是寿皇门的额枋榫子的数据，清代是否都是这样的关系，有待于大量的实际测绘比较。据以上尺度比较，可看出宋代的《营造法式》与清代的实物中，只就榫子宽度的确定，都以额枋“高”为据，但1/3和1/4是一个不小的差数。

额枋与檐柱头的连接关系：额枋的两端是架设在檐柱上的。寿皇门檐柱头径420mm，在柱头的两侧各凿出125mm

长的卯口，安装额枋。柱头两边的卯口总计占到柱径的近59.5%。寿皇门的实测数据，如表4-4所示。

额枋榫与柱头卯口之间的关系 表4-4

	榫长（mm）	榫宽（mm）	榫高（mm）	备注
额枋榫	总长125，与柱径之比为0.298	125，为额枋高的1/4	同额枋	
柱头卯口	总长130，约为柱头径的1/3	140，比额枋榫厚略大12～15	吞肩部位同额枋高，燕尾高为额枋高的3/4	
穿插枋	总长605	120，约合柱径的1/3.5	385，同枋高 170，出头部位	榫的侧面呈L形

檐柱头上除去面阔安装的额枋外，在进深方向的构件即穿插枋，位于额枋下面，直接插入檐柱的榫，是透榫（图4-48）。

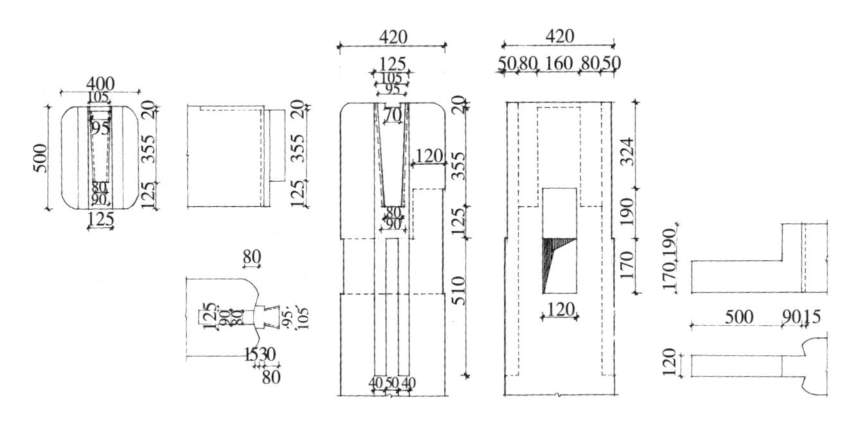

图4-48
大额枋、跨空枋与明间檐柱头榫卯实测图

中图：明间檐柱头卯口正立面图、侧立面图；左侧图：为面阔方位安装的大额枋榫子部位的俯视平面图、正立面图、侧立面图；右测图：进深方位安装的跨空枋的榫子俯视平面图和侧立面图。

柁墩、瓜柱：亦应看作是木构架上的柱子。在普通的木构架上是在五架梁上置柁墩，在三架梁上置瓜柱；寿皇门是对金造的木构架，柁墩是置于三步梁（也有挑尖梁之称）上。瓜柱是设置在单步梁上的构件。

柁墩：因其形状短粗称为墩，作用与瓜柱相同。柁墩呈长方形，780mm × 370mm × 399mm，置于三步梁上，柁墩底面有两个60mm × 30mm × 40mm的销眼，用销固定在三步梁上，防止柁墩位移。柁墩的两侧挖出安装下金枋的卯口，而寿皇门的柁墩两侧不仅有安装下金枋榫子的卯口，还将下金枋的外形都刻在柁墩上了，是将下金枋构件安装在柁墩上了（图4-49、图4-50）。在柁墩的上口中间凿出一个销眼，60mm × 30mm × 40mm，为与其上面的双步梁固定而设置的销口。

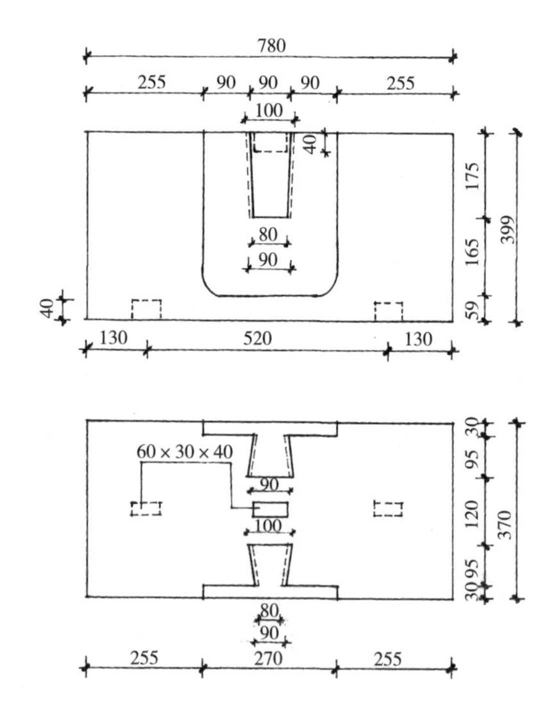

图4-49
寿皇门明间柁墩实测卯口图

在柁墩的两侧不仅掏出燕尾榫的卯口，还将下金枋的外廓都掏出来，是将下金枋构件安装在柁墩上的。

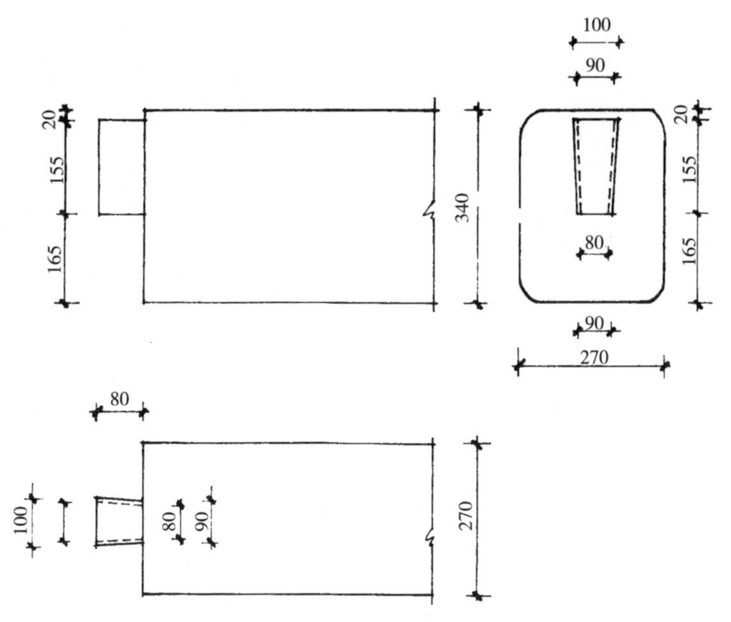

图4-50　下金枋榫子实测图

在次间与梢间的梁架上，所设置的柁墩在梢间一侧是安装扒梁的，因这里的荷载大了许多，这里看到的卯口是将扒梁的整体都安装在柁墩上的（图4-51）。

瓜柱：位置在双步梁上，其上承单步梁，平面近似正方形，380mm×340mm×560mm（高度内包括下榫），下脚是在瓜柱上挖出的330mm×55mm×70mm的直榫，直接插入在双步梁上已挖出的卯口内。瓜柱底脚榫子长330mm，只是瓜柱的两侧各减少5mm作为掩缝，榫宽55mm，是瓜柱宽（380mm）的1/7。这样的尺度只此一例，不能确定此是瓜柱管脚榫应有的尺寸。瓜柱上口掏出卯口，安装近似正方形的销（销的下口100mm×75mm，上口90mm×50mm，高80mm）；为防止直接落在瓜柱上的单步梁位移，瓜柱的左右掏出可安装上金枋的卯口。

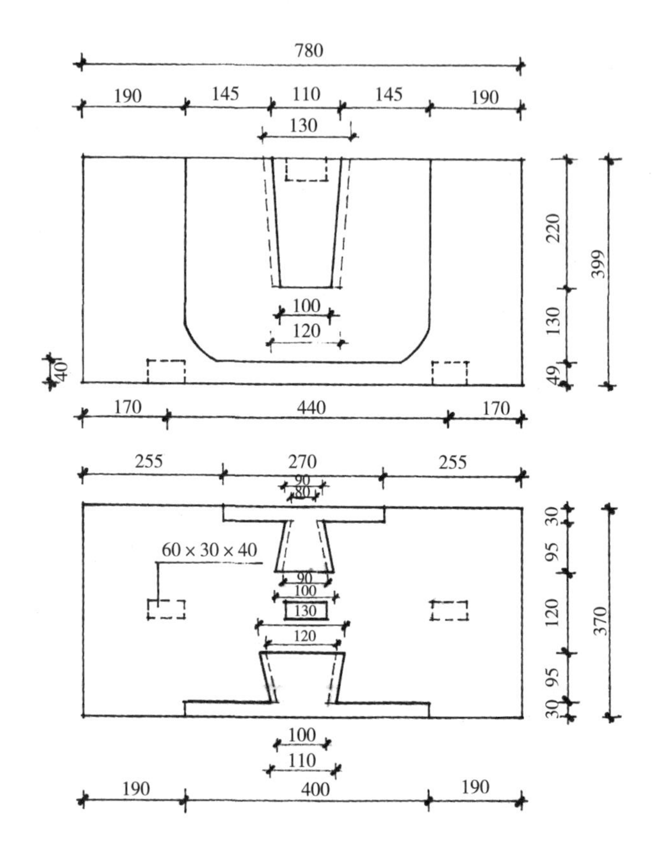

图4-51
次间与梢间的柁墩卯口实测详图

此柁墩在次间是安装下金枋的，在梢间是安装扒梁的，所以在柁墩上的两侧卯口不一，分别是以下金枋和扒梁的截面尺度掏挖的卯口。

瓜柱上口的两侧掏出安装上金枋的卯口、金枋的榫长度，依清《工程做法》的规定："两头入榫分位各按柱径四分之一。"瓜柱340mm × 380mm，340mm的四分之一为85mm，实测是90mm，与清《工程做法》所给的尺度应是接近的。但对榫子的宽、高均未要求。实测榫宽100mm，高320mm，榫的式样呈"燕尾榫"。"燕尾榫"的式样是榫头的上口大于下口，里口小于外口，便于安装，能将枋与柱紧紧地固定在一起。下金枋的截面是270mm × 340mm，燕尾榫的上口90mm、下口80mm，呈梯形，高320mm，其榫子的上口90mm，与下金枋的厚度比恰是1∶3。这是否就是榫子尺寸的依据，也没有更多的依据，仅作参考（图4–52）。

雷公柱：是庑殿顶建筑木构架上的立柱，位于正脊的两端。寿皇门的雷公柱，总高2445mm，由太平梁到脊桁高1285mm，柱子直径380mm；上部高1160mm，为吻桩部分，呈长方形、阶梯状。在雷公柱的内侧有安装脊枋、脊垫板、脊桁的卯口。安装脊枋的卯口在柱子的底口处，亦是内口大（90mm），外口小（80mm），卯口深90mm，总高340mm，将脊枋的燕尾榫安装在卯口内。其上安装的垫板和脊桁，垫板、脊桁的榫都是直榫，安装脊垫板的卯口90mm×90mm×280mm；安装脊桁的卯口在雷公柱上的总高345mm，卯口宽120mm。此卯口又分为上部于215mm部位凿出深90mm的卯口，下部高130mm的部位凿出的透眼。脊桁下部的直榫是直接穿入雷公柱的。在透榫的左右45mm方

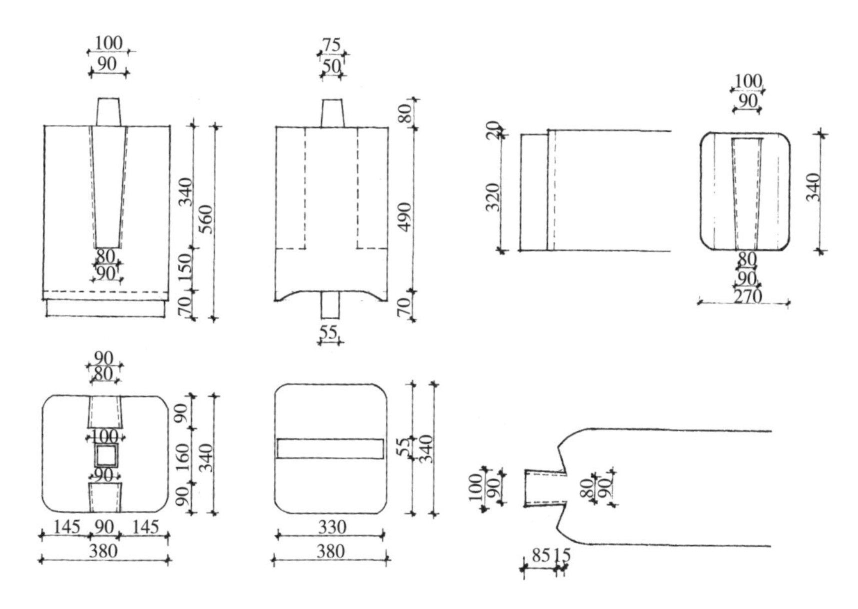

图4–52　寿皇门瓜柱与上金枋榫卯实测图

位有安装由戗的榫卯，口宽100mm，入柱内只有80mm，高390mm。在柱子上所开的卯口深80mm和90mm，不足柱径的四分之一。对雷公柱的式样在清《工程做法》中没有提到，本人也没有见过其他雷公柱，只有将实况予以图示（图4-53、图4-54）。

3. 转角部位搭接的榫

在大木构架的转角部位的一些构件都是纵、横向搭接的，对这样的榫，统称搭扣榫，也称扣榫、箍头榫、十字刻半榫、十字卡腰榫等。如庑殿顶、歇山顶建筑的大额枋在角柱头上，安装两个方位的额枋，在这里是呈直角搭接的，同样的平板枋、挑檐桁、正心桁等构件，在转角处的搭接的榫都是搭扣榫，只是构件形式有长方形的和圆形的，搭交榫的式样不同。斗栱中的昂与栱十字相交处亦是搭扣榫。这些纵横构件互相制约，使木构件间不会产生位移（图4-55）。

角柱头上的卯口：角柱头上安装的大额枋是纵横交叉安装的，柱头上开的卯口呈十字形，面阔与进深的额枋都搭接在角柱头上。额枋的榫是要在纵横两构件上各卡掉一半，在柱头上取得平整。两榫搭接安装在柱头上，柱的内侧是额枋，外侧则是霸王拳。额枋交叉榫宽120mm，卯口略大于榫宽（图4-56～图4-60）。

霸王拳出头确定：清《工程做法》中讲到对下料的要求："一头加柱径一分得霸王拳分位。"其意应是在下料时由柱中算起再加一个柱径的尺度。现场实际测量到的霸王拳尺寸，是由柱中算起465mm。角柱的柱脚直径是460mm，柱头直径是420mm，显然在计算霸王拳的长度时，是依柱脚的尺度为据的。刻半榫是指两个叠加的构件各去掉半分，两构件跌落在一起，恰与角柱头上所掏挖出十字空档吻合。这个空档与柱径的关系是：以柱头实际测绘尺寸计算，柱头直径420mm，额枋所掏挖的榫子宽度是120mm，柱径与榫子的比值，应是420：120，约为3.5：1。也就是在角柱处，额枋的

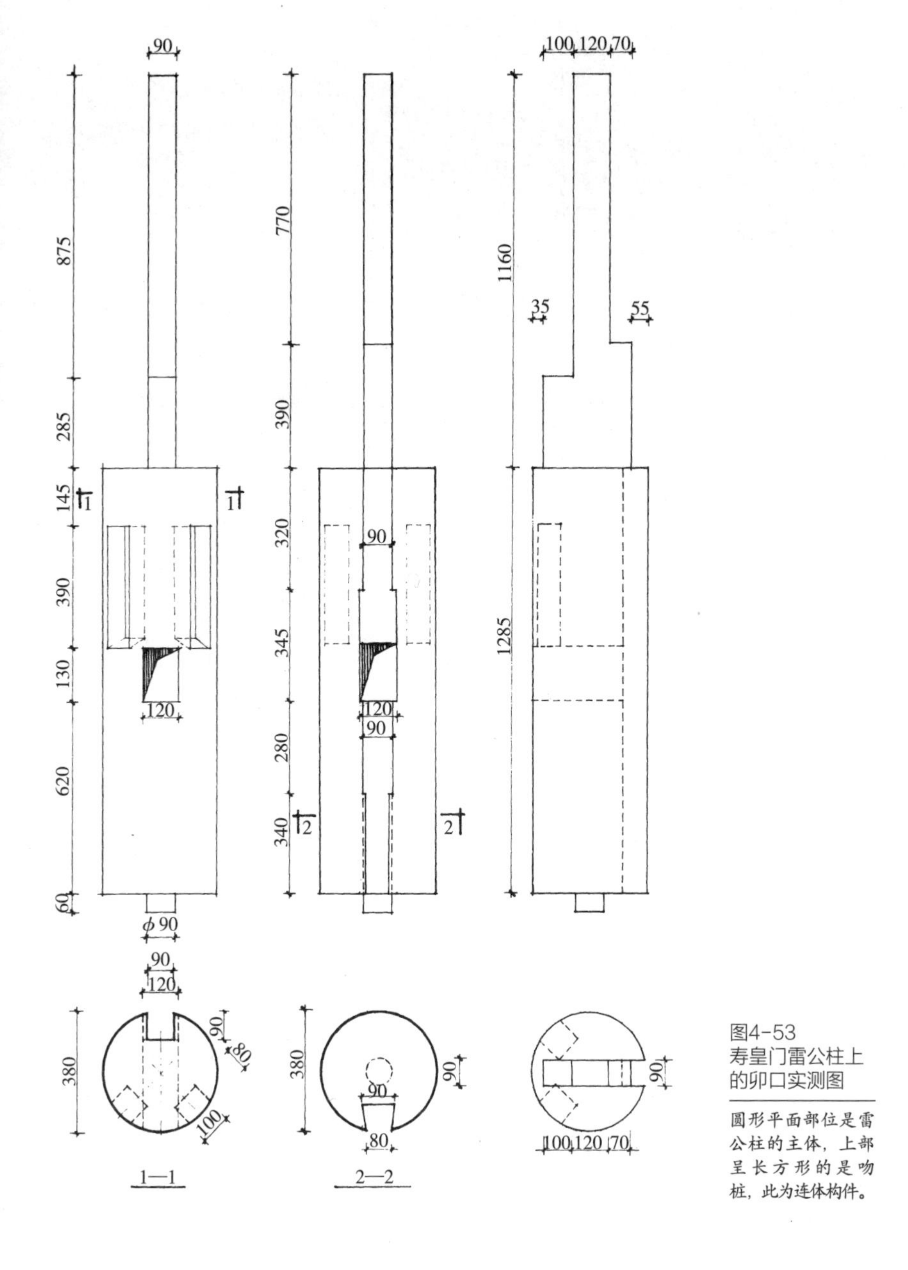

图4-53
寿皇门雷公柱上的卯口实测图

圆形平面部位是雷公柱的主体，上部呈长方形的是吻桩，此为连体构件。

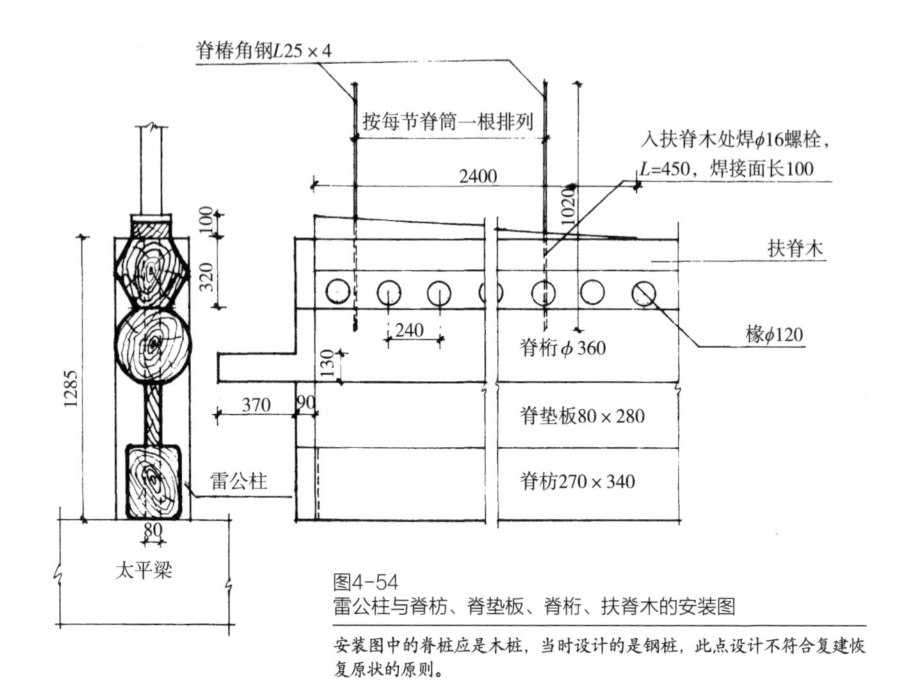

图4-54
雷公柱与脊枋、脊垫板、脊桁、扶脊木的安装图

安装图中的脊桩应是木桩，当时设计的是钢桩，此点设计不符合复建恢复原状的原则。

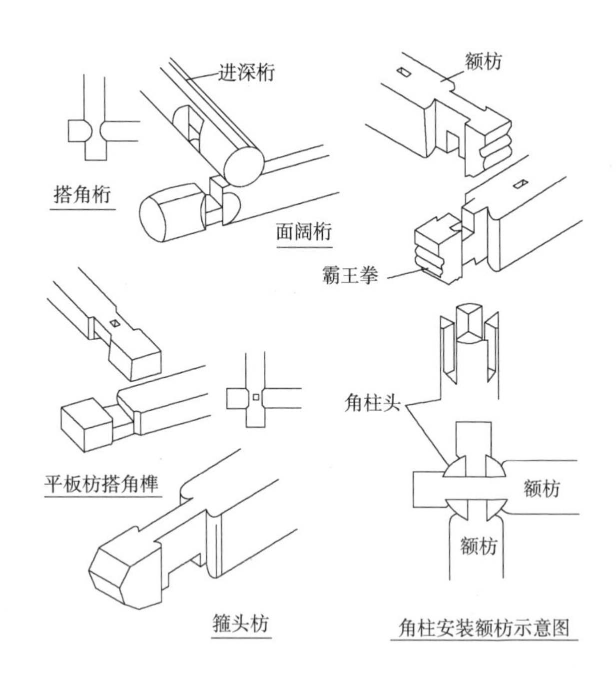

图4-55
转角搭交构件榫卯示意图

摘自《清代官式建筑构造》（北京工业大学出版社出版）。

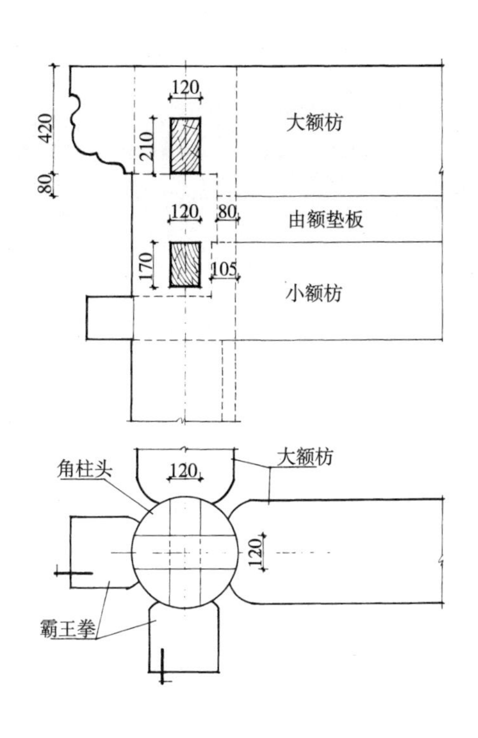

图4-56
寿皇门角柱头上安装大额枋、小额枋俯视平面与正立面图

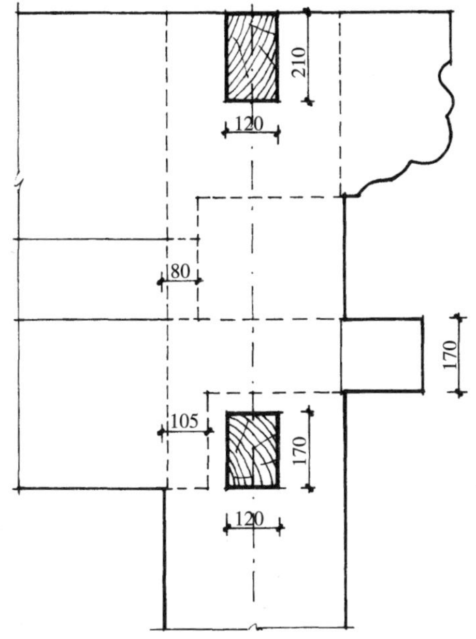

图4-57
寿皇门角柱头上安装大额枋、小额枋的侧立面图

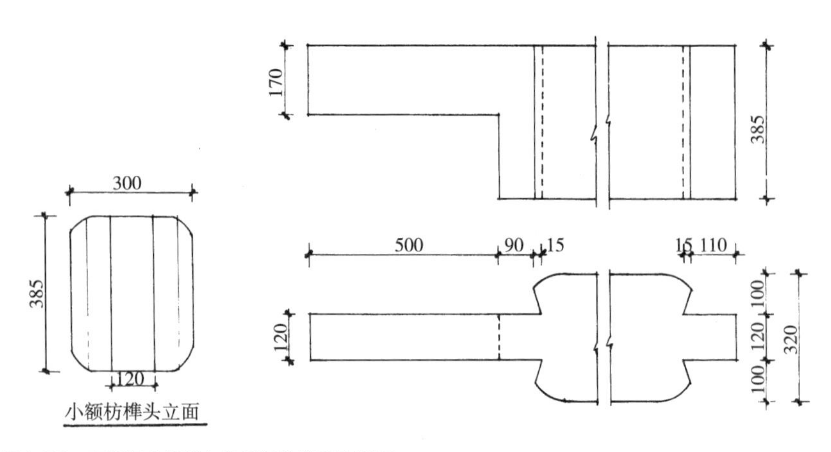

图4-58　寿皇门小额枋与角柱间的榫卯实测图

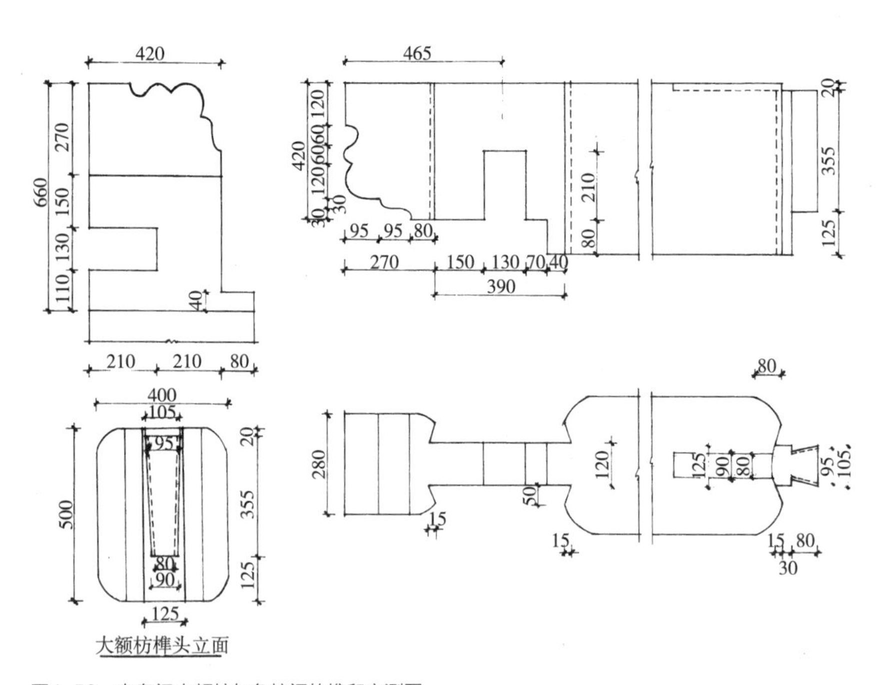

图4-59　寿皇门大额枋与角柱间的榫卯实测图

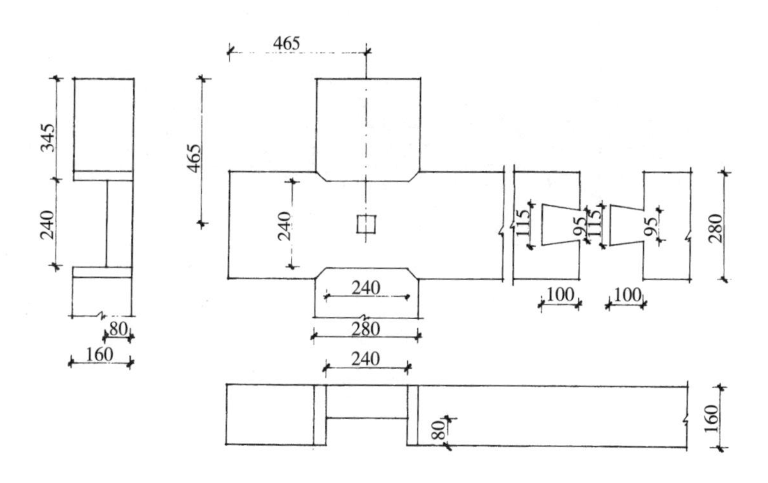

图4-60　寿皇门平板枋榫卯实测图

榫宽应是不足柱径的三分之一。只此一座建筑的角柱卯口的计算数据，仅可作为参考。

交金瓜柱：此柱是立于屋架的转角部位。在寿皇门是位于次间边缝双步梁上，是处于屋面的转角位置（图4-61、图4-62）。交金瓜柱呈椭圆形，面阔方向径380mm，进深方向径330mm，在进深方位安装下金枋和下金垫板，在面阔方位安装下金枋，瓜柱顶上安装纵向和横向搭接的上金桁，在瓜柱的顶端掏挖出两桁搭接后桁椀的底部式样，搭接的金桁能稳稳当当地安装在交金瓜柱顶端。

4. 横向构件间连接的榫卯

在木构架上横向连接的构件有平板枋、挑檐桁、正心桁、金桁、脊桁等，这些构件间的连接都是燕尾榫。在宋《营造法式》中有螳螂榫式样。故宫的维修工程中也曾在木构架上见过螳螂榫，如午门加固时见到挑檐桁、正心桁间的搭接榫就是螳螂头式样，在咸若馆维修中见到平板枋的搭接榫亦是螳螂头式样（图4-63）。对燕尾榫的尺度，在清《工程做法》中写道："平板枋，每宽一尺外加扣榫

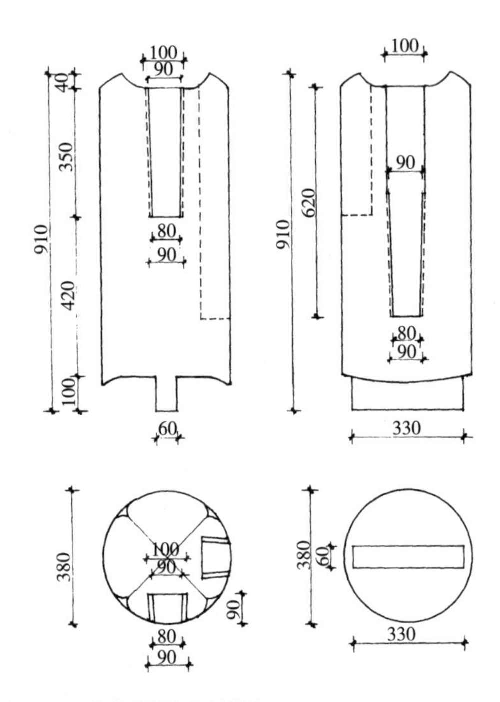

图4-61　交金瓜柱榫卯实测图

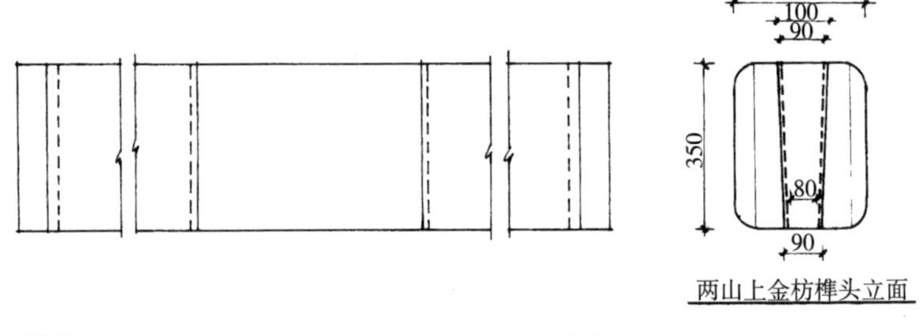

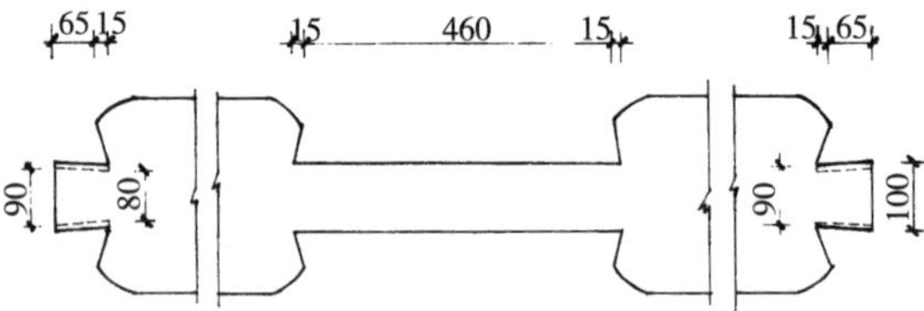

图4-62
安装在交金瓜柱进深方位的上金枋榫卯实测图

上金枋在山面的进深方位上，只两个步架的长度，距离比较近，本门座采用一件木料，在中间掏榫的做法，中榫是架设在次间中柱顶上的。

长三寸，如平板枋宽七寸五分，得扣榫长二寸二分”；这就是说榫的长度与板的宽度比为10∶3。但没有榫的宽窄的要求。寿皇门的平板枋榫的尺度：平板枋宽280mm，榫长100mm，榫外宽115mm，内窄处95mm，榫的长度与板的宽度比与清《工程做法》是接近的，燕尾榫的宽处与板的宽比为2.4∶1，榫的窄处与板的宽比为2.9∶1，可视为3∶1。清《工程做法》中对“挑檐桁每径一尺外加扣榫长三寸，如桁径八寸，得扣榫长二寸四分”“正心桁、老檐桁每径一尺得榫长三寸”。寿皇门的正心桁、老檐桁直径360mm，实际榫长有90mm的，也有100mm的，应是在3寸这个范围内。此数据与清《工程做法》中的要求的榫长是相同的，但对榫的详细尺寸没有要求。所测量桁的燕尾榫尺寸是上宽100mm，下宽90mm，上窄90mm，下窄80mm，这样的榫子尺寸在檩、枋中都是一样的，如以榫子的宽与桁的直径相比，计中间尺度90mm计算，应是360∶90，即4∶1的关系。估计在制作时是统一的尺寸要求，因这些构件间就是彼此左右连接，没有受力的要求。

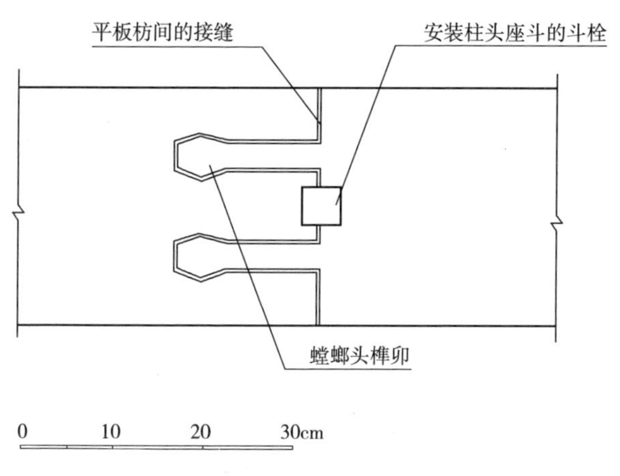

图4-63　咸若馆平板枋的榫卯实测图

5. 搭接构件间的榫卯

另一类的搭接榫是直接搭在其他构件上，如三步梁、双步梁、单步梁、扒梁、太平梁等，这些构件的外侧是直接置于斗栱上、柁墩上、瓜柱上；这些梁底都设置了销，名称为栓。如挑尖梁的梁端是置于斗栱上的，梁下的万栱、厢栱等构件是直接插在梁上的卯口内的（图4-64、图4-65），而扒梁的外端是架设在正心桁上的。为保证构件的标高符合屋面铺设椽子高度的要求，还要满足构件的承载能力，所以在扒梁的底部要消减一部分，同时在正心桁的上皮也要消减一部分，其式样是在扒梁底和正心桁上面都雕刻成台阶式样（图4-66）。扒梁的上皮还要掏出能安装檐椽的椽窝，以保证安装檐椽后的标高是一致的。扒梁的内端是燕尾榫式样，安装

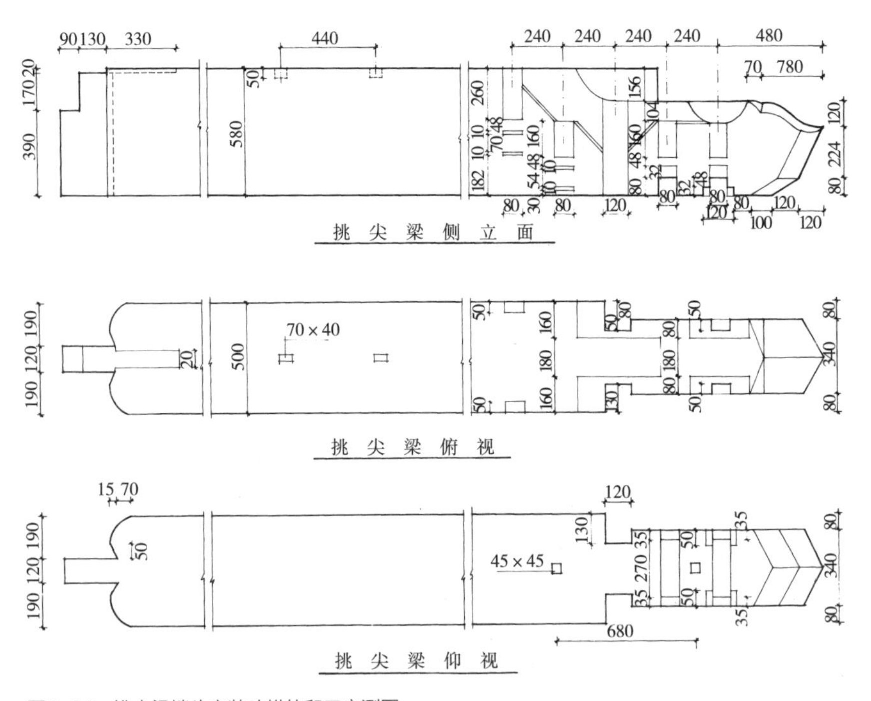

图4-64　挑尖梁端头安装斗栱的卯口实测图

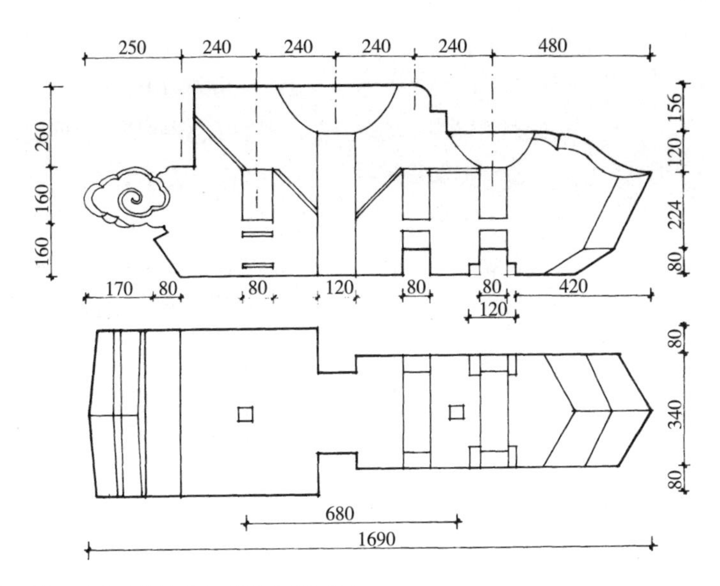

图4-65　假挑尖梁头端部安装斗栱的卯口实测图

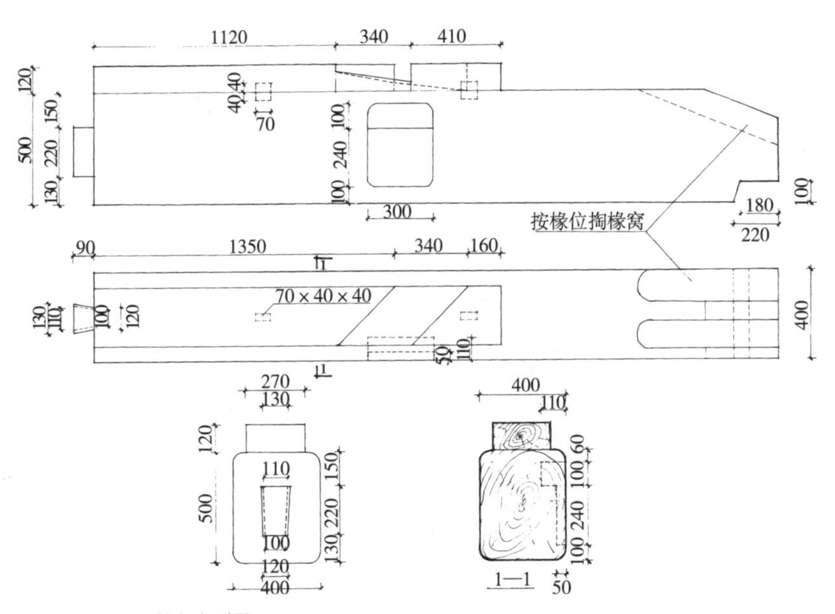

图4-66　扒梁的榫卯实测图

在柁墩上。此榫要承担扒梁应承担的剪力，而寿皇门实际的燕尾榫是承担不了的，于是在柁墩上刻出了扒梁的外形，将扒梁直接安装在柁墩上了，解决了扒梁榫受剪的问题。这样的做法，也仅是一例。

太平梁是庑殿顶中的构件，在屋顶的两端，设置在前后坡的上金桁上，安装方法与扒梁相同，但梁与桁的接触面都要减损一部分。这样的搭接是否就是统一的标准，因只此一例，尚不清楚（图4–67、图4–68）。

桁与梁之间也是压接的关系，梁在下面，桁置于梁上，让两个构件有合理的搭接，在梁头的两侧帮刻出桁椀，中间留存一平台，为梁厚的一半，俗称“鼻子”。在桁的端头，先将桁端头的下半圆刻掉，其长为梁后的1/4，高度是桁的半径，这时将桁直接置于梁上所刻的桁椀上，桁的上半部，直接压在梁头的鼻子上，桁与梁是压接关系（图4–69 ~ 图4–72）。桁安装在梁端预留的桁椀与鼻子上，左右两桁间有燕尾榫相接。

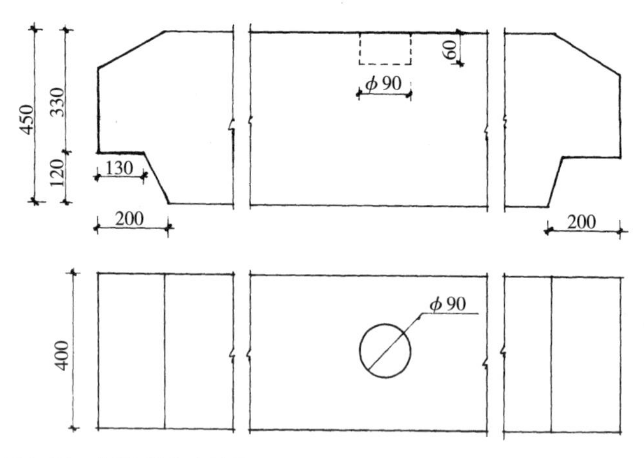

图4–67　太平梁榫卯实测图

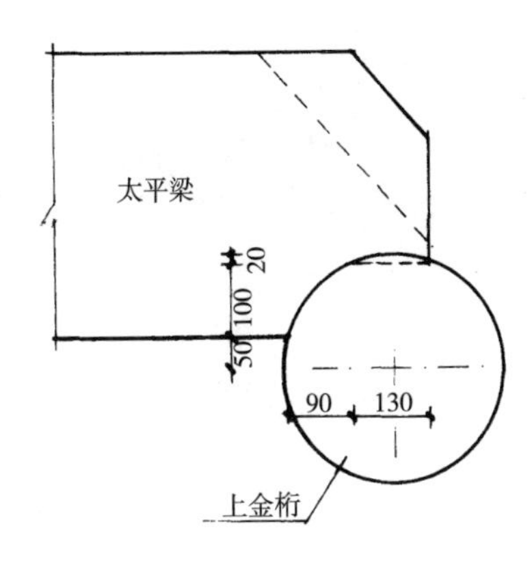

图4-68　太平梁支座节点详图

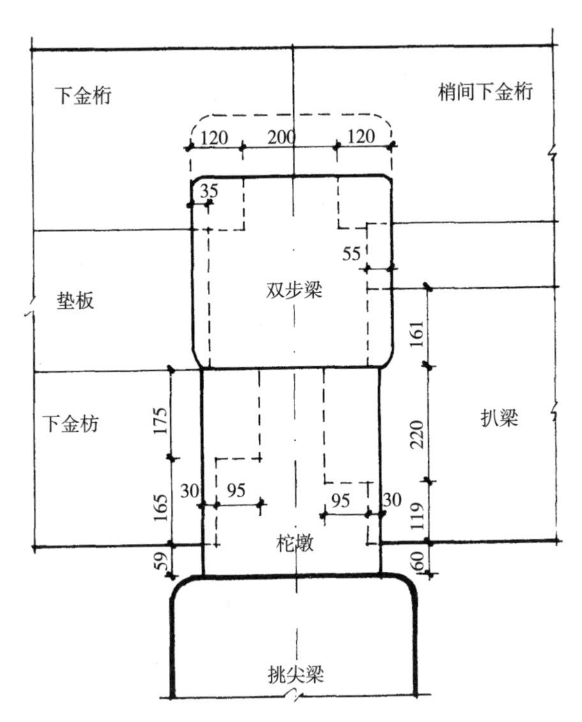

图4-69　次间边缝挑尖梁等构件安装正立面图

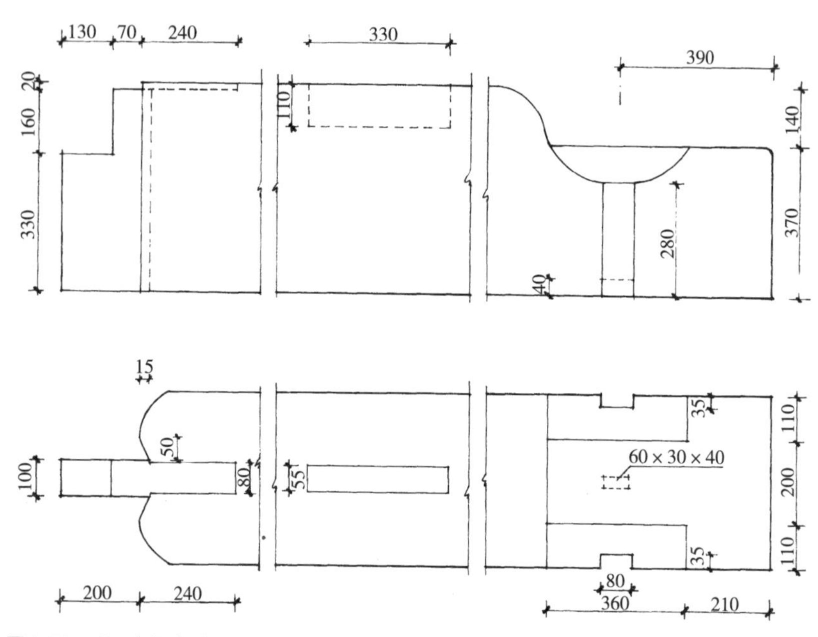

图4-70　明双步梁实测图

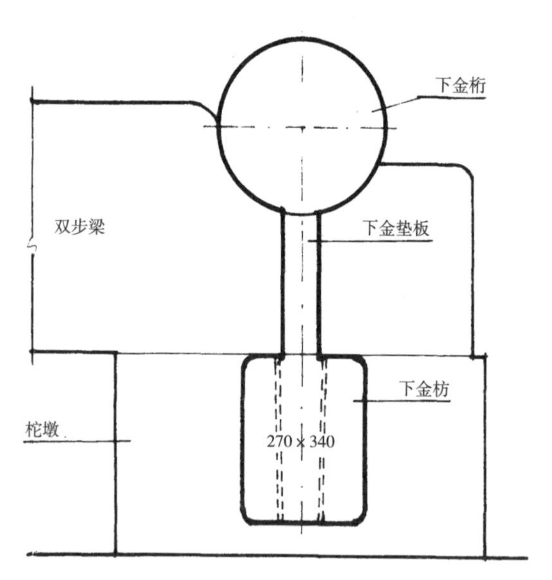

图4-71　挑尖梁上的柁墩与双步梁间的叠加侧面图示

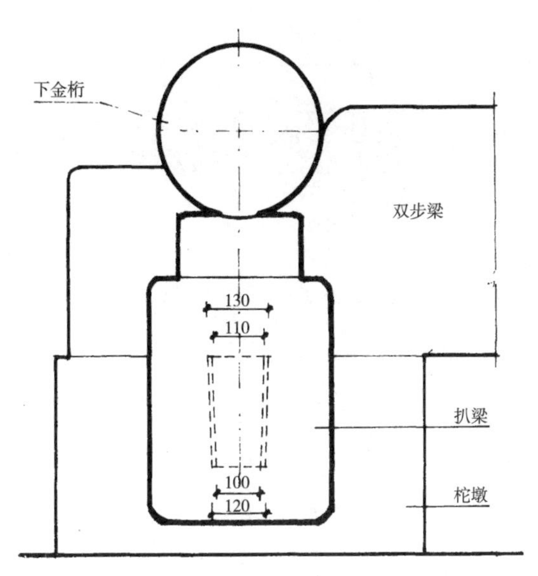

图4-72　扒梁与柁墩、双步梁间的节点图

直榫也是搭接构件间连接的榫。榫头是直的，做成长方形，可以直接插到柱子上已凿出的卯口上（图4-73）。寿皇门的挑尖梁、双步梁、单步梁与中柱相接处都是直榫，跨空枋与檐柱相接也是直榫。榫有长短之分，长的要伸出柱外皮，也称“透榫”，这类榫多用在穿插构件上，如穿插枋、跨空枋、单步梁、双步梁等都用直榫，当榫较短不穿透柱子时，称“半榫”。

6. 平行安装构件中的销

大木构件中使用销，为的是防止上下构件错位和左右位移。如：大额枋与平板枋之间有销，挑尖梁与柁墩间有销，老角梁与仔角梁之间有销，桁与垫板、垫板与枋之间都有销。销的尺寸不等，如挑尖梁上的销槽是70mm × 40mm × 50mm；老角梁与仔角梁间的销槽是90mm × 50mm × 50mm；额枋、平板枋间，桁、垫板与枋间的销槽都是60mm × 30mm × 50mm；大木构件中的销槽不统一，有什么规定，尚

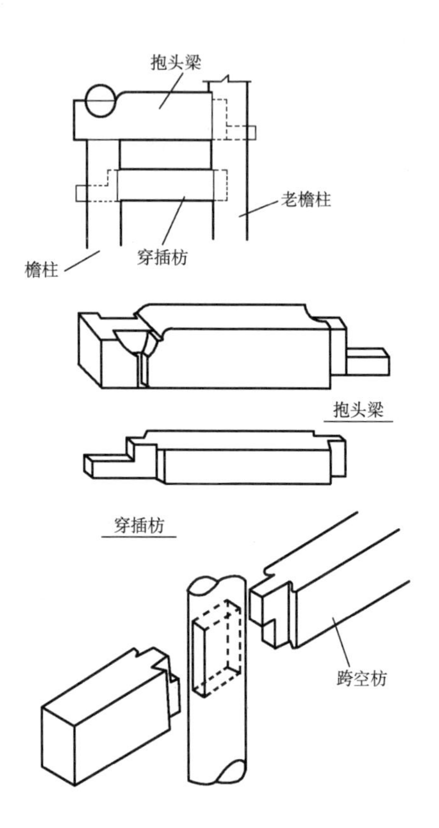

图4-73
直榫与柱子搭接示意图

摘自《清代官式建筑构造》(北京工业大学出版社出版)。

不清楚。斗栱构件中昂、撑头木之间也有销，这些销槽尺寸是统一的，都是40mm×15mm×40mm。此外十八斗、三才升的斗栓也算是销的一种。

老角梁、仔角梁等构件，其造型比较简洁，只在角梁的前端头依安装构件和艺术造型的需要有加工，角梁中复杂的地方在与十字交叉的挑檐桁、正心桁、下金桁的接触点，将卯口挖得精准，古人是怎样做到角梁与桁的交接处严丝合缝的尚不清楚（图4-74）。

以上所述只依据寿皇门测绘记录，可作为研究木构建筑榫卯的资料。

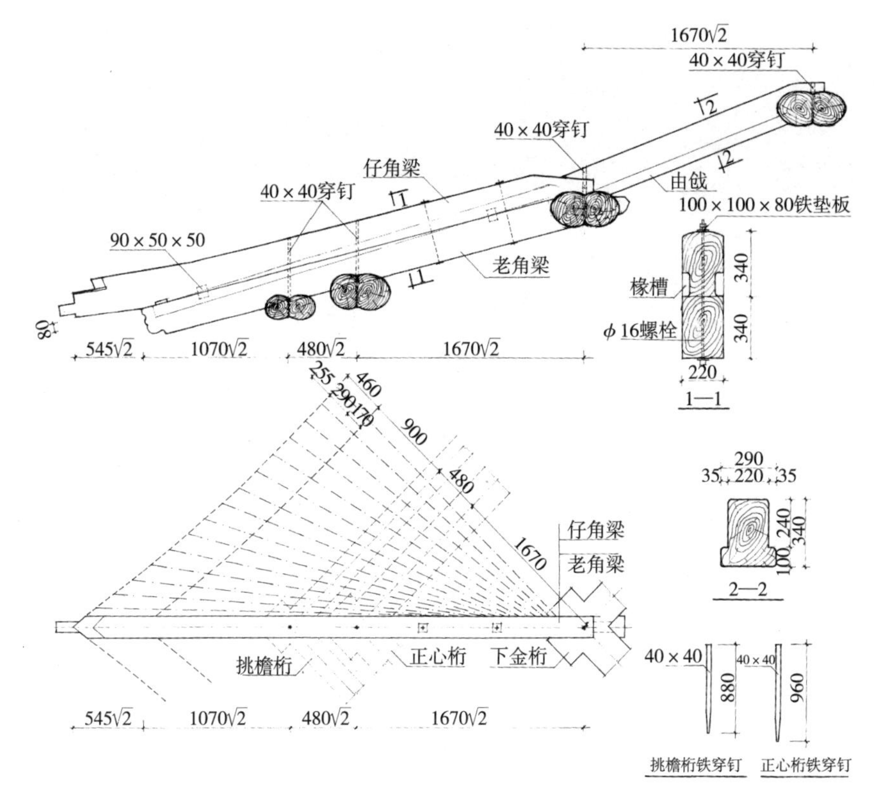

图4-74　角梁部位的构造图

（四）琉璃构件

琉璃在我国早在汉代就已出现，但极其珍贵。“其用于屋顶，始于北魏。《魏书·西域志》：大月氏国于世祖时，其国人商贩至京，自云能铸石为五色琉璃。于是采矿山中，于京师铸之，既成。光泽乃美于西方来者。……唐代琉璃瓦屋顶之用更多……宋代建开封铁色琉璃八角十三层塔，高五十八米，现仍觚棱闪烁，完丽无缺。由宋元而明清，琉璃瓦屋顶更成为尊贵建筑物不可少的材料。”①

① 梁思成《中国建筑艺术图集》第六辑。

在明清故宫内不仅有辉煌的琉璃瓦顶，还有屋顶上制作精美的艺术装饰构件、制作精密的预制瓦件、墙面上的琉璃花饰、各类门座上安装的琉璃斗栱、琉璃彩画、琉璃叉角花、中心花等，这些光彩耀眼的琉璃制品置于宫殿建筑中，更有珠光宝气之感。现将故宫建筑中所使用的各类琉璃，罗列如下，供欣赏。

1. 屋面上的预制琉璃构件

屋面上使用大量的板瓦、筒瓦、滴水、勾头以及各类脊饰，这些常用的构件在梁思成先生的《中国建筑艺术图集·第六辑·琉璃瓦》中都有详述，此处不再复述。未述及的，且在故宫建筑上见到的琉璃瓦构件，都是依据特定的位置而制作的，如鱼翘瓦、油瓶嘴、遮朽瓦、割角滴水、连半滴水、螳螂勾头、羊角勾头、斜盘沿、平底勾头、直盘沿、罗锅瓦、折腰板瓦、抓泥瓦等，分述如下（图4–75～图4–79）。

鱼翘瓦：用在前后坡屋面底瓦与正脊相交接点上，应是明代瓦的一种，没有琉璃釉，在屋面上是看不到的。在西北角楼维修时，曾见此瓦。

油瓶嘴：是筒瓦类型的瓦，位于筒瓦垄上顶端，正脊的正当沟下，当沟的两翅架在两垄的油瓶嘴上，当沟的下端压在此垄的底瓦上。凡未经后代翻修的屋顶，大多保留此瓦的做法。

套兽：屋角端头套在角梁头上的兽。如庑殿顶、歇山顶、四角攒尖、六角攒尖顶等，在屋顶的正面与侧面交接的屋脊，统称垂脊。垂脊里面的木构件是角梁，为防止角梁头受到雨水的侵蚀，在角梁头上置套兽（图4–78）。

遮朽瓦：凡是有套兽的屋檐角，角梁头上还有两个方向的大连檐相交于此，为防雨水侵蚀大连檐，特在此安装遮朽瓦。

割角滴水：在屋角处的第一块滴水。

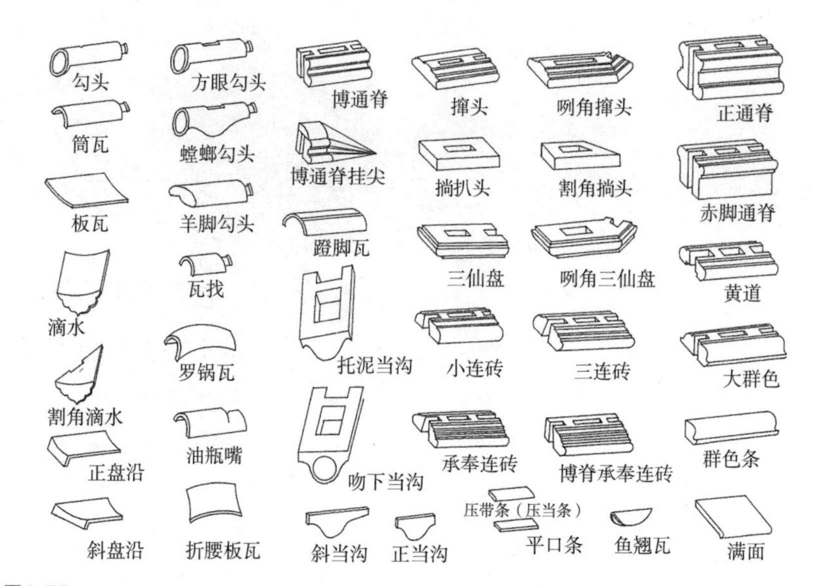

图4-75
屋面常用琉璃瓦构件图

摘自《清代官式建筑构造》（北京工业大学出版社出版）。

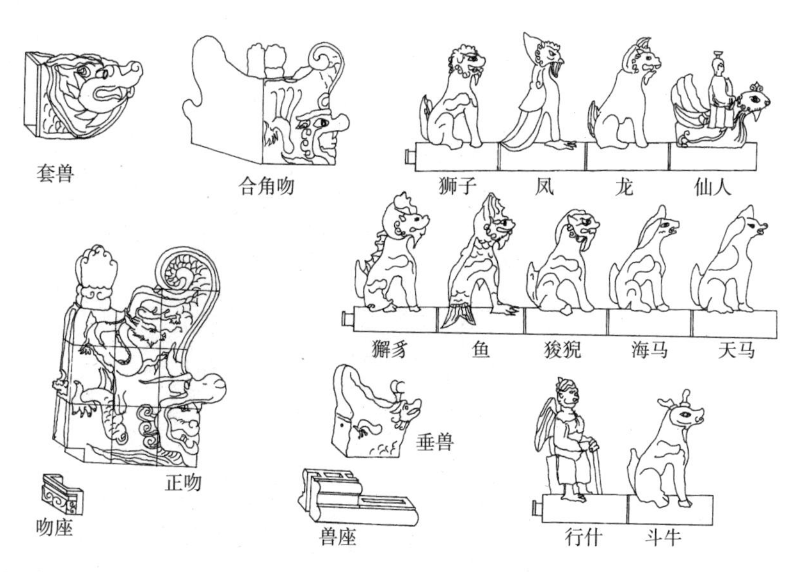

图4-76
屋面上的琉璃兽件图

摘自《清代官式建筑构造》（北京工业大学出版社出版）。

图4-77
四拼的正脊上吻图

图4-78
屋角端头的琉璃构件实景
（摄影：丽媛）

自下向上排列：套兽、遮朽瓦、割角滴水、螳螂勾头、趟头、攒头、方眼勾头、仙人。

图4-79
太和殿垂脊上的走兽（摄影：丽媛）

太和殿的小兽排列顺序：仙人、龙、凤、狮子、天马、海马、狻猊、狎鱼、獬豸、斗牛、行什。

连半滴水：同样用在屋角处。瓦件尺寸在七样、八样时，瓦的底边呈三角状，欠稳定，做成连半形的滴水，可以安稳地安装在屋角上。维修西北角楼时，曾见到此构件。

螳螂勾头：位于屋角处，戗脊端头的勾头，置于连半滴水上，因其两侧面位于滴水上，侧面呈突出状，形似螳螂肚，似是勾头与当沟组合的式样，在瓦面上有方孔，是为安装仙人桩而预留的孔。凡后期维修过瓦顶的，这个构件已很难见到了，很多是用普通勾头替代了。

羊脚勾头：当屋顶的构成中有窝角沟的地方，筒瓦末端的勾头即羊角勾头。

斜盘沿：在屋顶的构成中有窝角沟的地方，底瓦为梯形，斜边的角度与窝角沟的斜度相适应，端头的滴水呈直边样。

平底勾头：凡有天沟的屋顶，瓦垄在天沟处，筒瓦勾头呈现出大半圆形的式样（即将圆形勾头的下边切掉部分）。

正盘沿：凡有天沟的屋顶，在瓦垄端的板瓦，不用滴水，将滴水头改为平直式样，仍是滴水的作用。

罗锅筒瓦：用于元宝脊屋顶顶端的瓦。其弧度随脊的弧度，在比较大的元宝顶上，一块罗锅瓦不能满足其弧度需要时，再依其弧度增加续瓦。

折腰板瓦：用于元宝脊屋顶顶端的底瓦。折腰板瓦是要随屋面坡度铺设的，在折腰板瓦的两侧还有随其弧度的续瓦，由一块、三块、五块不等的底瓦组成。

抓泥板瓦：用在屋面较大、坡长的屋顶上，在底瓦垄中适当的位置设置一块抓泥板瓦，其目的就是防止瓦面滑坡。

钉帽：在屋面上为防止屋面瓦滑坡，在屋面适当的位置和檐头设置钉子，又为防止铁钉生锈，在钉上加盖的琉璃帽。重要建筑上加设的是镏金铜帽，如三大殿等。

宝顶：用于攒尖顶建筑的顶端，其式样有圆形顶、塔形宝顶、组合的花宝顶等。按材质有金属宝顶、金属与琉璃组合的花饰宝顶、全部采用琉璃制作的各式宝顶等。装点在屋顶上，有的琉璃花饰甚是优雅，进一步增加了屋顶的美感（图4-80～图4-87）。

图4-80　中和殿宝顶（摄影：谢安平）

图4-81
钦安殿宝顶（故宫博物院供图）

图4-82
角楼宝顶（故宫博物院供图）

图4-83　雨花阁宝顶

图4-84
万春亭宝顶雪景
（故宫博物院供图）

图4-85
千秋亭宝顶（故宫博物院供图）

图4-86　碧螺亭宝顶（故宫博物院供图）

图4-87　文渊阁碑亭宝顶（摄影：谢安平）

琉璃花脊：由统一图形组成的花脊，如文渊阁屋面上的各条脊，由行龙和海水组成，式样一致，且有规律。又如文渊阁的碑亭，屋顶是盝顶式样，四条垂脊为卷草花纹，与脊端的小兽结合在一起，表现其整体性，非常完美（图4-88 ~ 图4-90）。

2. 琉璃照壁、影壁

这类壁都建在白石材的须弥座上，墙体由琉璃砖砌筑，墙檐下的额枋、斗栱、墙顶均为琉璃制作。在墙面的中心装点着各种图案，每一块的图案均不同，由几十块、上百块琉璃构件组合在一起，成为完整的艺术画面，装点在宫殿建筑群中。主要有九龙壁和琉璃照壁（图4-91 ~ 图4-94）、影壁墙（图4-95 ~ 图4-98）、殿宇槛墙（图4-99 ~ 图4-101）、琉璃槛墙、墙中的漏窗、墙沿的琉璃装饰等式样，现只列出几大类型的照片（图4-102 ~ 图4-107）。

图4-88　文渊阁脊饰（摄影：谢安平）

图4-89　文渊阁博脊中的龙纹（摄影：谢安平）

图4-90　文渊阁碑亭卷草垂脊和兽（摄影：谢安平）

图4-91　九龙壁

图4-92　太极殿照壁

图4-93　乾清门与两侧照壁（摄影：谢安平）

图4-94　乾清门照壁（摄影：谢安平）

图4-95　宁寿门照壁

图4-96　遵义门内影壁正立面

图4-97　遵义门内影壁侧面

图4-98　养性门西角门影壁

图4-99　太和殿的槛墙（摄影：谢安平）

图4-100　太和殿槛墙细部（摄影：谢安平）

图4-101　临溪亭琉璃槛墙

图4-102　皇极殿旁看墙的琉璃花饰

图4-103　重华门旁看墙的琉璃花饰

图4-104　墙身上的琉璃漏窗和墙帽上的琉璃花饰

图4-105 竹香馆院墙上的琉璃漏窗

图4-106 如亭墙上的漏窗和墙沿的琉璃装饰

图4-107　坤宁宫琉璃花墙

3. 多样的琉璃门楼

琉璃门楼多在内廷中，如宫墙中的门（图4–108、图4–109），佛教、道教建筑的门（图4–110、图4–111）；长街中的通道门（图4–112、图4–113），内宫大墙的随墙门（图4–114）、东一长街随墙门（图4–115）、西一长街随墙门（图4–116），六宫中的通道门（图4–117、图4–118），宫殿的院墙门（图4–119 ~ 图4–121），等等。

这些不同用途的门，式样上有所变化，琉璃装点的图样更多，制作精致，与琉璃瓦的屋顶、彩绘等组合在一起，构成波光闪闪的琉璃制品的海洋。

以上所述的琉璃制品多种多样，都是预制构件，形制、尺寸、安装位置都是预先定制的，现场只需安装。这类规格化的制作是一种进步。

图4-108　皇极门琉璃门楼

图4-109　顺贞门琉璃门楼

图4-110 祭祀建筑的院墙门（英华门）

图4-111 祭祀建筑的院墙门（天一门）

图4-112　长康左门（东一长街中的通道门）

图4-113　近光右门（西一长街中的通道门）

图4-114　内宫大墙的随墙门（内左门）

图4-115　东一长街大墙的随墙门（仁祥门）

图4-116　西一长街大墙的随墙门（大成右门）

图4-117
西六宫横街间的通道门

咸熙门，位于西二长街通往咸福宫的横街门。

图4-118
东六宫横街通道中的门

景曜门，位于东六宫中景仁宫前横街东端的门，可通往东二长街和东侧的延禧宫。

图4-119　宫殿院墙门（重华门）

图4-120
西六宫的院墙门
（翊坤门）

图4-121
宫殿院墙门（寿
康门）

第五章

钟粹宫、寿皇门的木构架分析

20世纪60年代初，笔者学习测绘时，测绘的是钟粹宫，测绘后，写了一篇《钟粹宫调查记》[①]，所有数据是当时的记录，现将有关资料列出，可见明初宫殿建筑的一些情况。在复建寿皇门时，从测绘中了解了清乾隆时期的建筑，反映了清代中期建筑的情况。现将两座不同时期建筑的木构架分别介绍，分析两个时期木构架的变化，作为明代与清代木构架区分的参考。

一、钟粹宫

这组建筑是明永乐时期的建筑，位于东六宫中的西北，宫的西侧，即东一长街，是一组两进院的建筑。有正殿、后殿，前后院都设有东西配殿，后殿还设置东西耳房。现存的钟粹门内添建了垂花门，并沿东西院墙内添建单面走廊，与东西配殿相接，又在正殿与配殿间加建拐角走廊，一进院所呈现的是带周围游廊的院落。

测量钟粹宫正殿时，发现室内的原构架是“彻上明造”，不知何时在室内加设了井口天花板，将明间、次间前后檐斗栱内侧的挑金斗栱的后尾秤杆、夔龙尾、菊花头等锯掉，在这个水平高度安装了井口天花，这应是第一次的室内改造。后来不知何时又拆掉井口天花，将明间、次间的天花吊顶降到天花梁的下皮，梢间的天花降到平板枋的位置，即现状的白樘天花。木门原应是隔扇门，现已是联架风门式样，裙板雕刻竹纹样。窗子已是支摘窗，窗格采用了冰裂纹式样。

据《清宫述闻》初续编合编本载：“钟粹宫明代初始名咸阳宫，为皇子居住处，前殿曰兴隆宫，后殿曰圣哲殿，隆庆间始更名钟粹宫。”又“顺治十三年（1656年）五月钟

---

① 注：未发表

粹宫成。”按：钟粹宫成，兴修钟粹宫工竣也。[①] 又“按内务府《奏销档》载：道光十一年（1831年）八月拆钟粹宫后殿装修，并拆搭钟粹宫炕铺。同治十三年（1874年）八月修钟粹宫等处。光绪十六年（1890年）修理钟粹宫。二十三年（1897年）修理钟粹宫宫门内两旁游廊二十四间，前殿五间，东西配殿六间，后殿五间，东西配殿三间，东西水房十六间，影壁等。”没有记载何时添建游廊和垂花门，何时对殿内改造与添加井口天花板，又何时拆掉天花板改做淌白天花，这些记载中都不详尽（对这段的修改史实，有待于进一步探查清代档案）。

（一）直观建筑情况

钟粹宫正殿，面阔五间，进深三间，歇山顶，上覆黄色琉璃瓦（图5-1 ~ 图5-4）。在对大木架的测量与比较中认定其保留了明永乐年间的木构架。主要特征如下：

木构架：七檩构架，正身为五檩，前后檐加设檐柱和抱头梁，构成七檩构架。两山面在梢间的抱头梁上，架设交金瓜柱，交金瓜柱上置踩步金，置三架梁。构架简洁。在制作手法上有如下特点：叠架梁中的三架梁、五架梁本体的侧立面熊背圆滑且较高；梁头部位刻出桁椀，在桁椀处以外的五架梁头高度要减少许多，与金枋的高度相等；梁头刻成海棠瓣形（即两个圆弧形，木工师傅称为海棠瓣）；梁下柱头上有斗栱承托五架梁；三架梁头与五架梁之间设驼峰和斗栱，其形制是宋代的榑缝襻间，明显具有宋代的构架形式。明代早期建筑上遗留了宋代做法。

瓜柱：脊瓜柱是置于三架梁上的。脊瓜柱的下脚呈如意头状，跨在三架梁上。脊瓜柱上安装斗栱和三幅云，这里的斗栱与两侧脊枋上的斗栱在同一标高上。

---

① 《清世祖实录》

图5-1　钟粹宫正殿外景（故宫博物院供图）

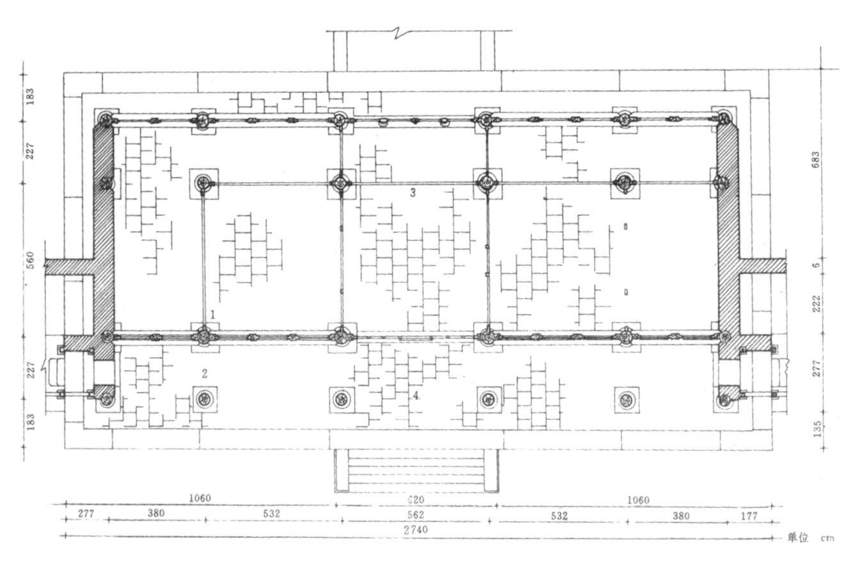

图5-2　钟粹宫正殿平面图

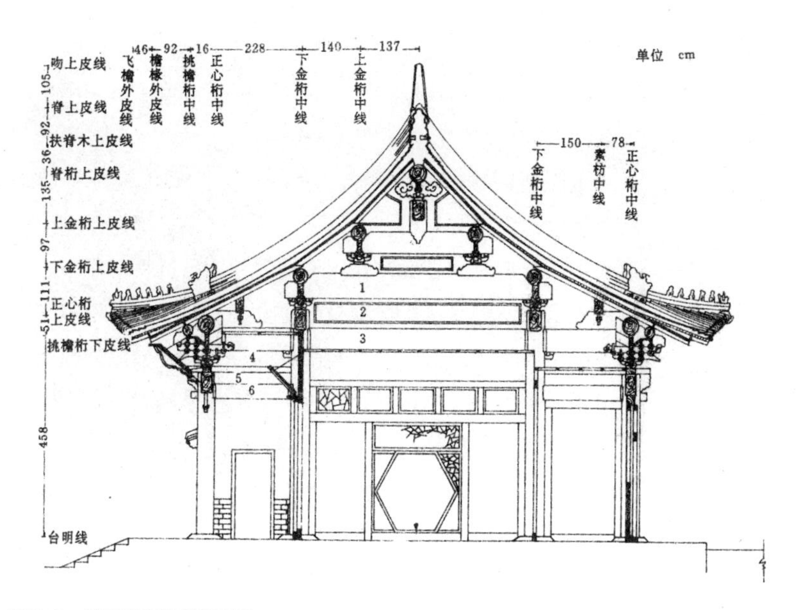

图5-3　钟粹宫正殿横剖面图

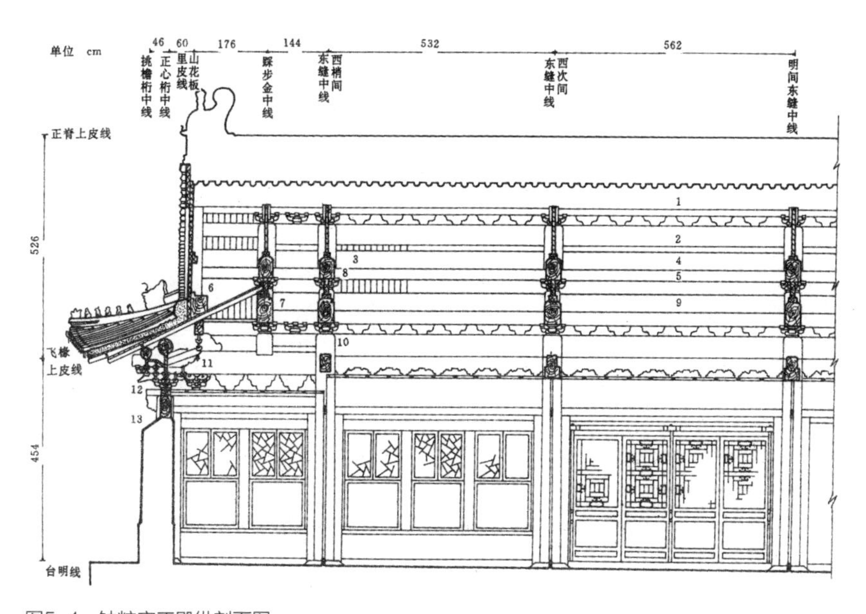

图5-4　钟粹宫正殿纵剖面图

脊桁与脊枋间置平身科斗栱，一斗三升式样，即宋代做法中的顺脊串（清代已很少有这种构件了，现依旧利用宋代的名称“顺脊串”）。

上下梁间的空隙用木板封挡，沿空隙周边有规整的边框，在边框内镶嵌木板，做工一丝不苟。显然当初是彻上明造的构架。总体感觉大木作工艺精细程度已近乎小木作。

椽子、飞椽：飞椽头有收分，留在建筑上的已不多了，更多的是后来维修更换时将其收分取直，由连檐向外的飞椽下口都是平直的。檐椽的后尾与下花架椽搭接处，采用巴掌搭接的做法。在檐椽的后尾刮成圆头，其好处是不易劈裂，加大与下花架椽的接触面积。这样精细的做法，在故宫内的清代建筑中已见不到了。

柱头形式：柱头直径比柱根略小，柱头似覆盆状，保留了宋代柱头的痕迹，但留肩要比宋代的丰满。

（二）钟粹宫正殿建筑的各类尺度

1. 面阔、进深

由表5–1中的尺寸可以看出，建筑的通面宽与通进深的比例关系是2.3∶1，这是在1.2∶1～3.5∶1的范围内的[①]。

各间面阔、进深尺寸表　　单位：mm　　表5-1

	明间	次间	梢间	通计尺寸	台明（下出）	出檐（上出）
面阔	5620	5320	3800	23860	1770	1840
进深	5600	2270		10140	1830	1840

注：通计尺寸指由角柱中至角柱中的尺寸。

① 对古代单体建筑的面阔与进深的比例关系，本人在《古代清代木构造》一书中已有论述。

2. 出檐

上檐出的尺度，如果依据宋代《营造法式》所给的尺度看，“造檐之制皆从橑檐方心出，如椽径三寸，即檐出三尺五寸，椽径五寸即出檐四尺至四尺五寸。檐外另加飞檐，每檐一尺出飞子六寸。”按此理解，以3寸椽径计算，其出檐总的长度，再加飞檐，列式：35+35×0.6=56寸。

宋尺的椽径3寸折合公制应是93mm，[①]其出檐三尺五寸，折合公制应是1085mm。再加飞椽出二尺一寸，折合公制651mm，按照《营造法式》计算，由橑檐方到飞椽头是：1085+651=1736mm。

而钟粹宫的椽径是110mm（按宋尺折合公制为3.5寸，其出檐应依3寸椽径计算），实测出檐由正心桁至挑檐桁中为460mm，又由挑檐桁到檐椽外皮为920mm，飞椽出460mm，总长1840mm。如与《营造法式》所给的尺度比较，钟粹宫的椽径大于《营造法式》所给的尺度0.5寸，而出檐的尺度又与《营造法式》的计算尺度接近。显然《营造法式》对出檐的尺度有一定的影响。

按照清《工程做法》，“凡檐椽以出廊并出檐加举定长。如廊深五尺五寸，又加出檐，照单翘重昂斗科三十分（自正心桁中至飞檐头通平出三十斗口），斗口二寸五分，的七尺五寸。……”由这里理解正心桁至飞檐头的尺度应是21斗口再加上斗栱的拽架（单翘重昂斗科应是三个拽架，每个拽架是3斗口则成为30斗口），以此来衡量出檐尺度应是21斗口+斗栱拽架。那么钟粹宫的出檐尺度由正心桁到飞椽头的尺度应是：21+6（两个拽架）=27（斗口）。

实际测量的尺度460+920+460=1840mm，折合斗口1840/80=23（斗口），比清代《工程做法》少了4斗口。

在整理时发现，上出檐与下出檐的尺度几乎是相等的，

---

① 宋元三司布帛尺，1尺=310mm。

笔者曾经怀疑是当时测量的问题，又到钟粹宫去观察，确实是上出檐与下出檐几乎一致。究其原因：一是在维修屋顶时将上出檐给减少了；二是在后来添加围廊、修正台帮时，将下出檐外延了。这些都没有记载，仅可作为猜想。但此上下出檐的尺度几乎相等，是不合理的，应作为遗留问题。

3. 有关柱子的尺度

柱高、柱径、收分，升起、侧脚等的尺度见表5–2。

柱高、柱径表　　单位：mm　　表5-2

部位 \ 尺寸斗口	柱高		柱头径		柱根径	
	实测尺寸（mm）	折合斗口	实测尺寸（mm）	折合斗口	实测尺寸（mm）	折合斗口
明间檐柱	3550	45.5	400	5.128	450	5.77
次间檐柱	3560	45.64	400	5.128	450	5.77
梢间檐柱	3580	45.9	400	5.128	450	5.77
明间金柱	5070	65	450	5.77	480	6.154
梢间金柱	5110	65.5	450	5.77	480	6.154

柱径、柱高的尺度与《营造法式》比较。

檐柱径的尺度，《营造法式》卷五中有“凡用柱之制若殿间即径两材两栔至三材，若厅堂柱径两材一栔……”本殿斗口是78mm（明代营造尺是1尺=317mm），折合明尺应是四寸六厘四分，若折合宋尺应是三寸九分七厘。与宋代的六等材广六寸，厚四寸是接近的（宋尺1尺=310mm），可以看作是六等材。如以六等材推算檐柱径应是78mm × 1.5（将材宽转化为材高）× 3（依三材计算）=351mm，比实测柱径小了近100mm。所以到了明清两代有了“胖柱”之说。

柱高与柱径的关系，在《营造法式》中没有明确的数据，钟粹宫正殿的柱高与柱径的比是3550：450即7.9：1。而清《工程做法》中是10：1，显然柱径比清代《工程做法》的柱径粗了。

柱高的问题，见《营造法式》卷五“檐柱虽长不越间之广。至角则随间数生起”。钟粹宫明间面阔5620mm，檐柱高与面阔的比是3550：5620，即1：1.58，此数据符合《营造法式》檐柱长“不越间之广”的说法。对檐柱高的理解，依明间檐柱的实高再加斗栱高，图注由台明到挑檐桁上皮是4580mm，还应减去柱顶石高80mm，即计算的柱高4500mm，那么檐柱高与面阔的比4500：5620，即1：1.25，此计算方法与《营造法式》檐柱长“不越间之广”的说法也是合拍的。

柱子的生起，在表5-2中，檐柱明间檐柱高3550mm，梢间檐柱高3580mm，这就说明柱子的生起做法依然在延续。

柱子的收分，即柱根直径大于柱顶直径尺寸。柱子本体的收分，柱根与柱头的直径差别为50mm。

柱子的侧脚。在测量柱头与柱根间距时，为找出这里是否有侧脚，通过通长测量与计算得出相差的部分即侧脚，计算结果只有60mm，这应算是柱子的侧脚吧！这种计算是否准确，可待他日维修时，由柱子上遗留的制作时的墨线得出准确数据。就柱子的收分、生起、侧脚的存在，应当是宋代法式的遗存。

4. 木构架的尺度（表5-3）

构架的尺度　　单位：mm　　表5-3

部位	实测步架尺寸	实测举高	折合举架
檐步正心桁—下金桁	2280，合28.5斗口	1110	五举
金步下金桁—上金桁	1400，合17.5斗口	970	七举
脊步上金桁—脊桁	1370，合 17.125斗口	1350	十举

总的举高3430mm与总进深10140mm，高与进深之比为1∶3。《营造法式》中卷五"举屋之法，如殿阁楼台，先量前后橑檐方心相去远近，分为三分（份），从橑檐方背至脊榑背举起一分（份）。"理解其意应是1∶3。钟粹宫的木构架进深与高度之比，恰与宋代《营造法式》中的取三分举一的规定是一致的。

其步架不统一。由表5–3可以看出，檐步架最大，金步架比檐步架小40%，脊步比金步架略小，不足5%。现存宋代建筑河北正定隆兴寺摩尼殿、山西太原晋祠圣母殿、浙江宁波保国寺大殿①等建筑的步架也都是不等的。步架不均等应是宋代屋架的举折计算方法所决定的。这点也可说是宋代木构架做法的延续吧。

5. 木构件的尺度

梁枋构件的截面形式见表5–4。

梁、枋权衡比例 表5-4

构件名称	宽高尺度/（mm）	折合斗口	宽高比	备注
额枋	310×480	3.875×6	2∶3	
穿插枋	300×350	3.75×4.375	2.3∶3	
随梁枋	390×520	4.875×6.5	2.25∶3	
下金枋	310×450	3.875×5.625	2.06∶3	
脊枋	310×450	3.875×5.625	2.06∶3	
五架梁	440×580	5.5×7.25	2.28∶3	
三架梁	380×500	4.75×6.25	2.28∶3	
踩步金	440×580	5.5×7.25	2.28∶3	

①《中国古代建筑技术史》有此三座殿宇的横剖面图。

从表5-4中构件的尺度看，其宽高比与宋代的2∶3是有差别的，已经将构件的宽度增加了，对于各构件截面尺度确定的依据，尚不清楚。

（三）斗栱

钟粹宫外檐斗栱为单翘单昂五踩斗栱。

1. 攒挡（表5-5）

外檐斗栱　　表5-5

	明间	次间	梢间	两山明间	两山次间
斗栱攒数	平身科6攒	平身科6攒	平身科4攒	平身科6攒	平身科1攒
各间攒挡（mm）	800	760	760	800	760
折合斗口数	10.25	9.74	9.96	10.25	9.74

从表5-5可看出明间和两山明间斗栱的攒挡是相等的，次间、梢间和两山次间的攒挡相等，两者的差距只有40mm。在清工部《工程做法》"卷二十八：斗科各项尺寸做法"中有"凡斗科分档尺寸，每斗口一寸应档宽一尺一寸"。这就是说斗栱间的挡宽是11斗口。显然本殿的斗栱攒档都比清代规定的11斗口略小。

2. 拽架（表5-6）

平身科斗栱拽架尺寸表　　表5-6

拽架	实测尺寸（mm）	折合斗口	营造算例规定（斗口）
外拽第一跳	240	3	3
外拽第二跳	220	2.75	3
里拽第一跳	230	2.875	3
里拽第二跳	190	2.375	3
里拽第三跳	340	4.25	3

宋代《营造法式》中亦有明文规定："造栱之制……若果铺作数多，或内外俱或里跳减一铺作至两铺，其骑槽檐栱皆随所出之跳加之，每跳之长心不过三十分，传跳虽多，不过一百五十分。"这就是说拽架间的距离为三十分[①]。现存宋代以来的建筑物实例中，其拽架间的尺寸也是不一的。如山西太原晋祠的圣母殿，其柱头斗栱外拽架的第一跳32份，第二跳22份，第三跳27份，里拽架第一跳32份，第二跳22份，第三跳24份；又如现存辽代应县释迦塔的柱头斗栱，外拽架的第一跳29份，第二跳21份，第三跳27份，第四跳28份，里拽架第一跳29份，第二跳31份。这类拽架尺寸不等的建筑还有许多实例，如善化寺的大殿、三圣殿、广济寺三大士殿等。[②]现在可以说明"三十分"的拽架是一般规定，但不是绝对必须遵守的数值。钟粹宫的拽架尺寸不等，外拽架的第一跳为3斗口，第二跳就不足3斗口；而里拽架第一、二跳都不足3斗口，但第三跳又大于4斗口（宋代的"材"高15份，宽10份。那么10份就应是1斗口）。显然这里斗栱拽架的尺度是自宋以来做法沿袭下来的。

3. 挑金斗栱

五踩平身科斗栱，外出单翘单昂，在厢栱与蚂蚱头相交上置齐心斗，由三才升承托挑檐枋、挑檐桁。里拽在撑头木后尾从正心枋起，顺梁架举势斜起秤杆，且在一二跳中不出横栱，作三幅云、麻叶云，斜秤杆第一层饰菊花式，第二层后尾上置斗，并加设覆莲销与之固定，斗上置厢栱和三个小升，升上承里拽枋，再上为承托椽子的素枋，桁椀后尾随秤杆延伸饰夔龙尾（图5-5）。这样构成了里拽架的挑金斗栱。大座斗的平面是长方形的，总长3.5斗口；斗腰有明显的凹曲线，尚存古制的凹杀；在厢栱的正中设置齐心斗，在清代

---

① 分是宋代的材分制的单位。
② 这里的尺度参照陈明达著《营造法式大木作制度研究》一书的图版数据。

的斗栱中已没有此构件了；昂下的斜线不是从十八斗的外端为起点，而是从第二跳的中线开始，保留了早期真昂斜杀的形式；斗栱各拽架出挑的尺寸是不等的，特别是里拽架的第二挑最短（见表5-6各拽架的尺寸），这种做法也是沿袭宋、辽、金的做法；而第三挑由大座斗至厢栱中距760mm，其上承托素枋，这个做法似现存太原市晋祠中的圣母殿抱厦，补间铺作斗栱的上昂挑斡式样（图5-6），保留了斗栱在结构上的作用。

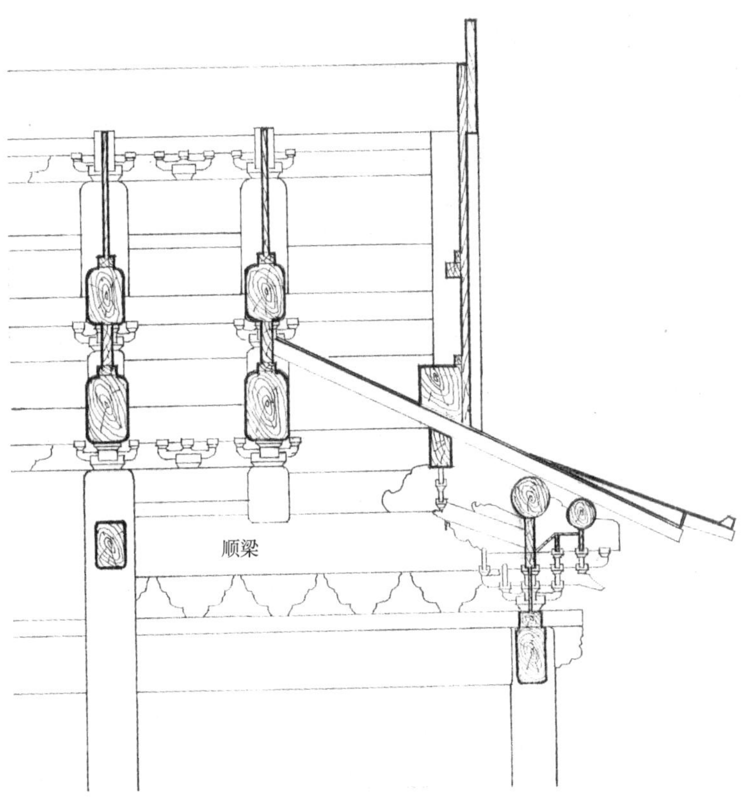

图5-5　钟粹宫山面的挑金斗栱及梁架详图

图5-6
太原晋祠圣母殿抱厦内侧补间斗栱上昂实景

4. 柱头科斗栱

柱头科斗栱在檐柱上是檐柱与梁头的接点，其承重较大，实际功能要比平身科斗栱负荷增加了许多，所以座斗比平身科的座斗加宽1.54斗口，翘、昂都比平身科增加1.43斗口。在外观上翘头比翘身缩小30mm；昂嘴比昂身缩小60mm；抱头梁头比梁的本体高度缩小300mm，厚缩小175mm，上部梁头宽190mm、高220mm。总之，柱头斗栱中的座斗、翘、昂十八斗等都大于平身科的构件尺度。

宋《营造法式》中讲柱头上的大斗和角柱上的大斗尺寸是有区别的，对补间铺作的斗栱没有详细说明。明代宫殿建筑上的柱头斗栱与宋代的柱头斗栱是有明显区别的。

5. 角科斗栱

角科斗栱在正面和侧面是一致的，与平身科构件的宽、高尺度是相同的。其变化在外拽厢栱上，即外拽厢栱与斜昂上的平盘斗之间，只有一个拽架的空档，将外拽厢栱在这里做出人字形，上承齐心斗。此做法与宋《营造法式》卷四

图5-7
钟粹宫角科斗栱

“凡栱至角相连长两跳者，则当心施斗，斗底两面相交隐出栱头，谓之鸳鸯交手栱”相同。此处的人字栱，应是宋代的鸳鸯交手栱。角科斗栱的这类做法，在故宫内的建筑上是能见到的，也是我们简单地区分明清建筑的手法之一（图5–7）。

6. 内槽斗栱

内槽斗栱有柱头斗栱与平身科斗栱。柱头有两类，位于金柱头上与柁敦上的都是一斗三升斗栱，金柱头上承五架梁、柁敦上承三架梁，按照宋代的称谓应是襻尖，位于脊瓜柱上的置一斗二升交蔴叶云。在脊枋上安装的一斗三升斗栱，即宋《营造法式》中的顺脊串。在金柱与抱头梁连接处加设丁头栱，这也是保留了宋式的做法。上述斗栱的位置、形制、式样更多表现的是宋代做法的延续。

（四）木料品种

钟粹宫这组建筑本体构架全部采用楠木，应是明代永乐时期所建的构架。钟粹宫室内后加设的白樘箅子和外檐装修都是后来修改的，为松木制作。院内添加的垂花门、游廊等构架均为松木材质。

由以上的数据与宋代《营造法式》的对照，木构架的尺度、形态反映了宋代法式的延续，但又不是照搬《营造法式》的做法，这是故宫内明代建筑构造特点，可作为判别明代早期建筑的依据。

二、寿皇门

（一）寿皇殿简况

寿皇门位于景山公园后部，是寿皇殿这组建筑的正门，又称戟门，始建于清乾隆十四年（1749年），仿太庙制，位于北京城的中轴线上（图5-8～图5-11）。

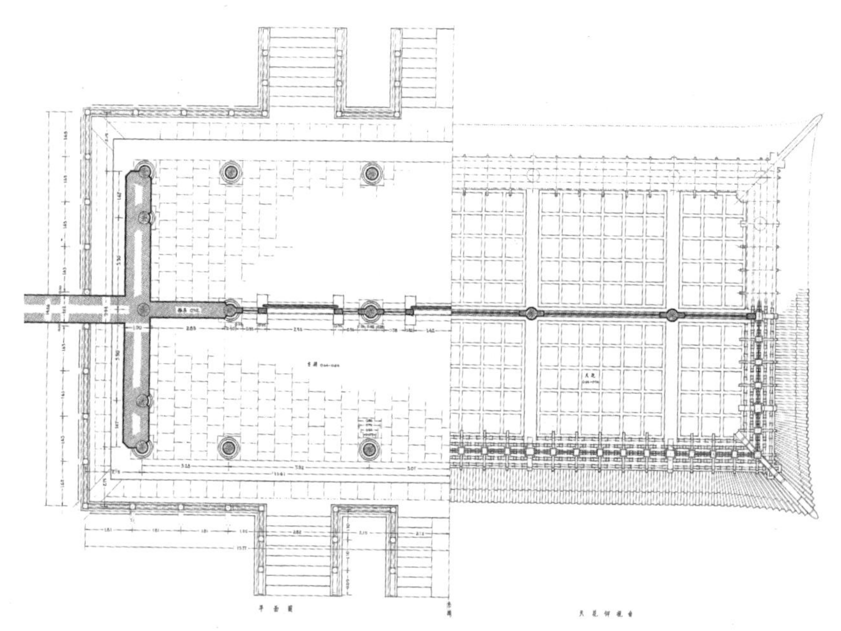

图5-8　寿皇门平面图和天花仰视图

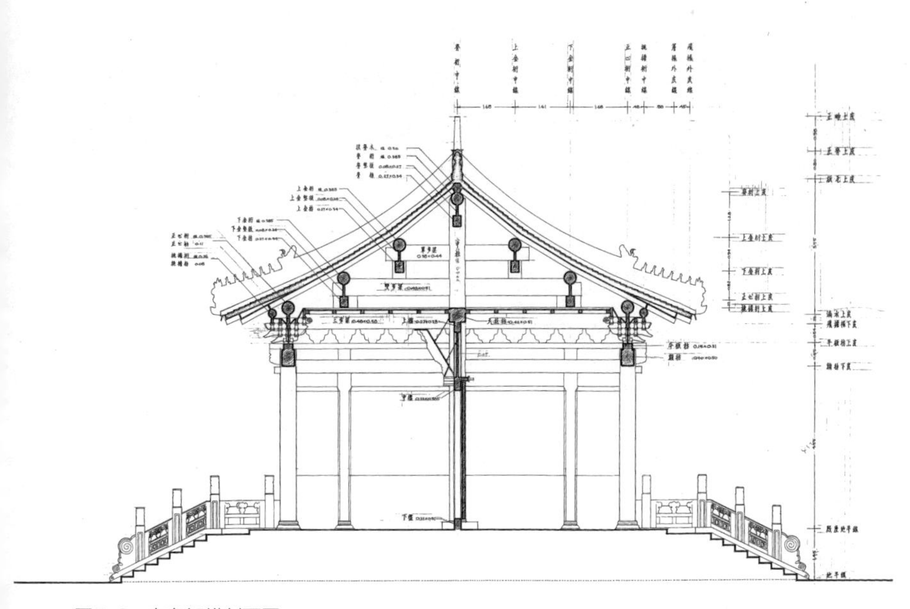

图5-9　寿皇门横剖面图

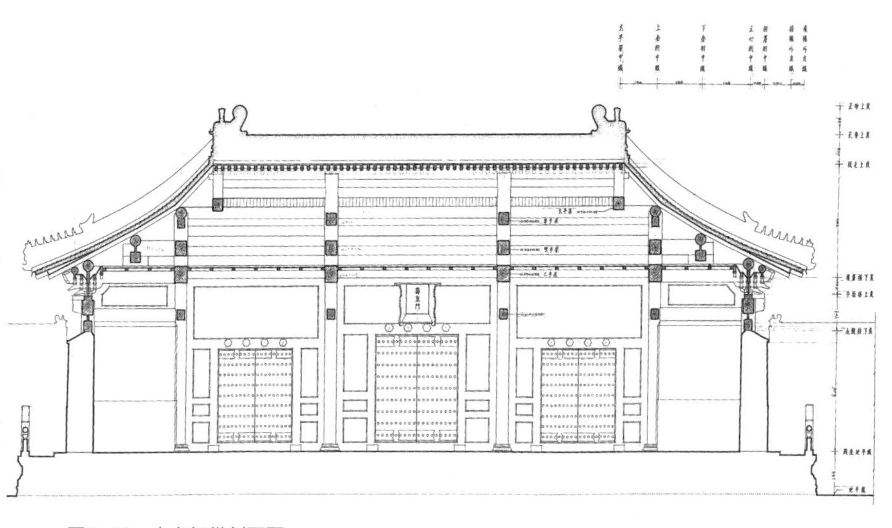

图5-10　寿皇门纵剖面图

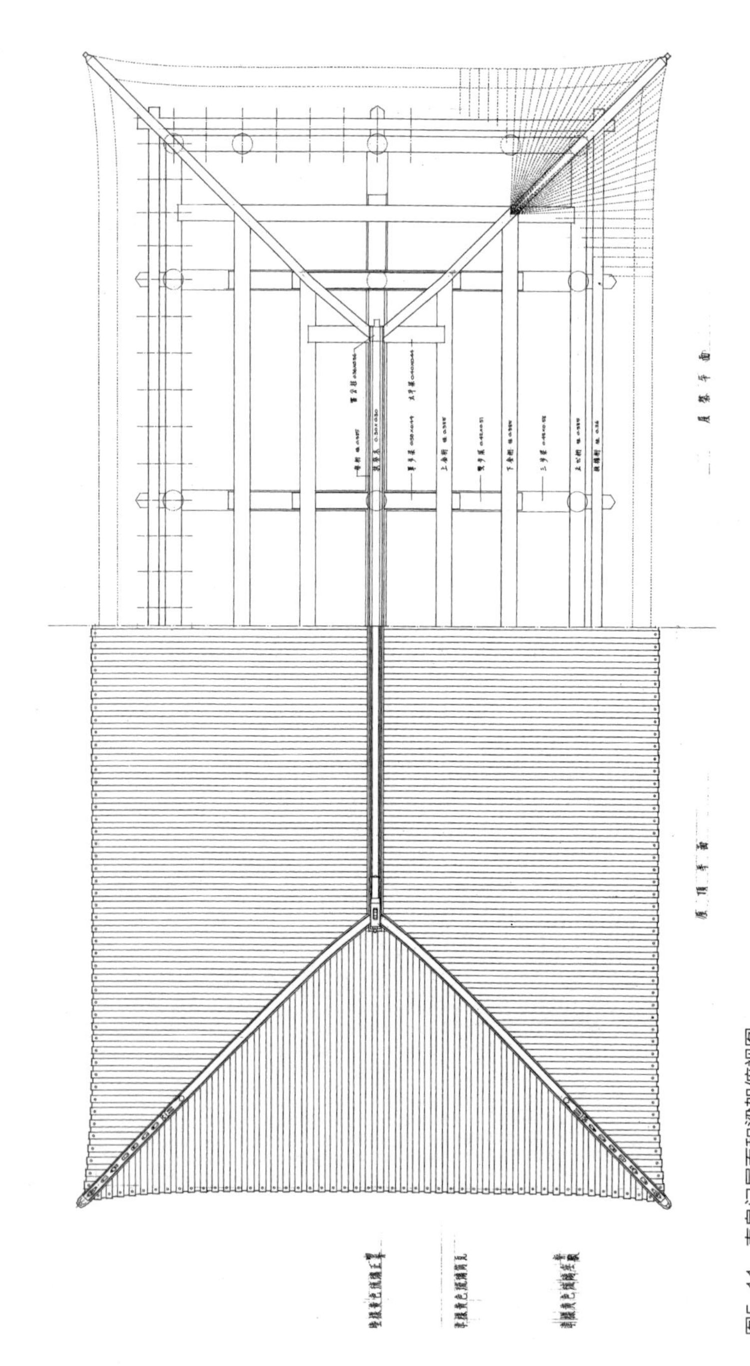

图5-11　寿皇门屋面和梁架俯视图

景山内原明代的寿皇殿，位于万岁山（景山）之北偏东，“为室仅三楹”，“本明季游幸之地”，从记叙中可见其规模较小，并非重要殿堂。清代利用这组建筑，即“皇祖（指康熙皇帝）常视射较士于此”，又为供奉皇祖、皇考神御之所，每年初皇帝都要亲祀。但在建筑布局上由于殿堂的位置不合宫规，规模又显得窄小，所以在乾隆十四年（1749年）时有移建寿皇殿之举①。明代寿皇殿的位置，的确不是置于北京的中轴线上，由康熙年间的两张图中可见，但其规模也绝不是仅三楹（图5–12、图5–13）

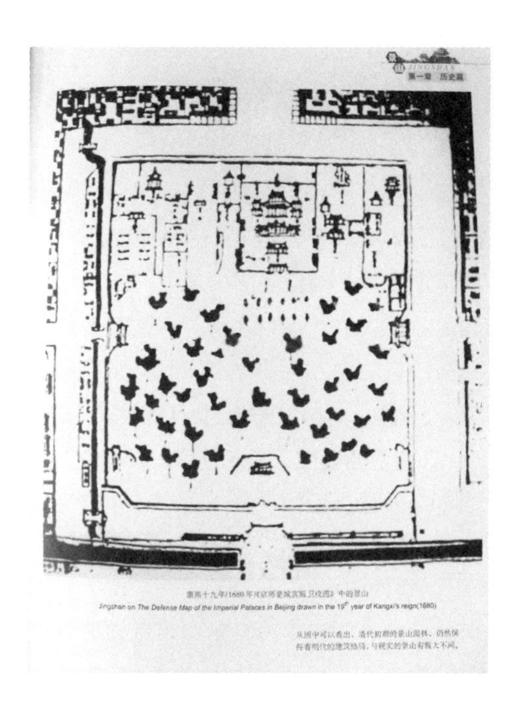

图5–12
清康熙十九年重建寿皇殿在景山的位置图

摘自：2008年3月文物出版社出版的《景山》，文物出版社，2008.

① 《国朝宫室》卷十四“重建寿皇殿碑文”

图5-13
重建寿皇殿在景山的位置图

清康熙年间《皇城宫殿衙署图》（局部摘录自《笔画千里——院藏古舆图特展》台北故宫博物院）

在重建寿皇殿时，对其规模、形制都有明确要求，“乃命奉宸发内帑，鸠工庀材，中峰正午，砖城戟门，明堂九室，一仿太庙而约之。盖安佑视寿皇之义，寿皇视安佑之制。”[①]安佑宫是乾隆七年（1742年）建在圆明园内的宫殿，宫前有坊三座，“宫门五楹，南向为安佑门，门前白玉石桥三座，左右井亭各一，朝房各五楹，门内重檐正殿九楹，为安佑宫。殿内中龛敬奉圣祖仁皇帝圣容，左龛敬奉世宗宪皇帝圣容。左右配殿各五楹，碑亭各一，燎亭各一。”[②]安佑宫建筑群就是寿皇殿建筑群的蓝本。

寿皇殿建成后的情况在《乾隆十五年御制重修寿皇殿竣，是日奉安神御礼成述事六韵》中有这样的描述：“是殿向奉皇祖、皇考神御，为室仅三楹，又方向不合规制，乃命

① 引自《日下旧闻考》卷十九。
② 引自《国朝宫室》卷十四。

鸠工庀材，量加修建，中峰正午，及门楹堂室……”“南临景山中峰，殿门外中南向保坊一……左右保坊各一……北为砖城门三，门前石狮二，门内戟门五楹，大殿九室，规制仿太庙。左右山殿各三楹，东西配殿五楹，碑亭、井亭各二，神厨、神库各五。”①寿皇殿这组建筑坐北朝南，面对景山中峰，有双重宫墙，南向外围宫墙正中设琉璃牌坊券门三座，门外正南和东西各有一座四柱三间七楼的木牌坊。内宫墙内正南为戟门，即寿皇门。院内须弥座高台上建有面阔九间、进深五间的重檐庑殿顶大殿，即寿皇殿。左右各有三间建在高台上的殿宇，应是文中所述的山殿。还有东西配殿、碑亭等。以上建筑均建在内宫墙的宫院内。在内外宫墙之间建井亭、神厨、神库。文献记载与现存寿皇殿一组建筑完全一致，证实了现存的寿皇殿一组建筑为乾隆十四年（1749年）所建，寿皇门只是这组建筑的正门。

寿皇殿这组建筑群在1956年辟为北京市少年宫。1981年4月10日因电器失火，门座烧毁。复原设计确定由故宫古建部设计室负责。笔者有幸参与勘测、设计工作，在勘察、设计中所遇到的问题，当时均有笔记记录，简录如下。

（二）寿皇门大木勘测过程

寿皇门是位于北京中轴线上的建筑，早在民国33年（1944年）已有测绘图，这是勘察、测量、复原设计中极其珍贵的基础资料。在勘测前，认真熟悉了这套图纸，有门座的平面图、正立面图、侧立面图、横剖面图、纵剖面图、梁架、天花仰视图等（图5-8～图5-11）。从这些图中得知这座门是单檐庑殿顶的门座；七檩对金造的木构架；重昂五踩斗栱；精雕莲瓣的柱础；汉白玉石雕制的须弥座；周围环以白石勾栏；南北踏跺各三出，中间有雕龙云御路；门座两山

① 引自《国朝宫室》卷十四“重建寿皇殿碑文”。

墙的外皮下肩用琉璃龟背锦砖砌筑，环绕琉璃跑龙花边；门内铺二尺金砖地面；梁枋上有金龙和玺彩绘。这座门的等级与太庙的戟门是一致的，而彩画的等级又高于太庙戟门（太庙戟门的彩画是龙凤枋心金琢墨石碾玉旋子彩画）。

由于有了对这座门的初步印象，就以图纸为蓝本，对现场残存的木构件逐一核对。只在木构件中发现扒梁有问题，依图纸表现应是进深方位的扒梁，但其长度不符。在此情况下，不能全部依赖现有的图纸，只好依图纸核对现有的构件，找到所有的构件位置。最后发现扒梁的方位与图纸有异，其他构件均与图纸相符（图5-14）。

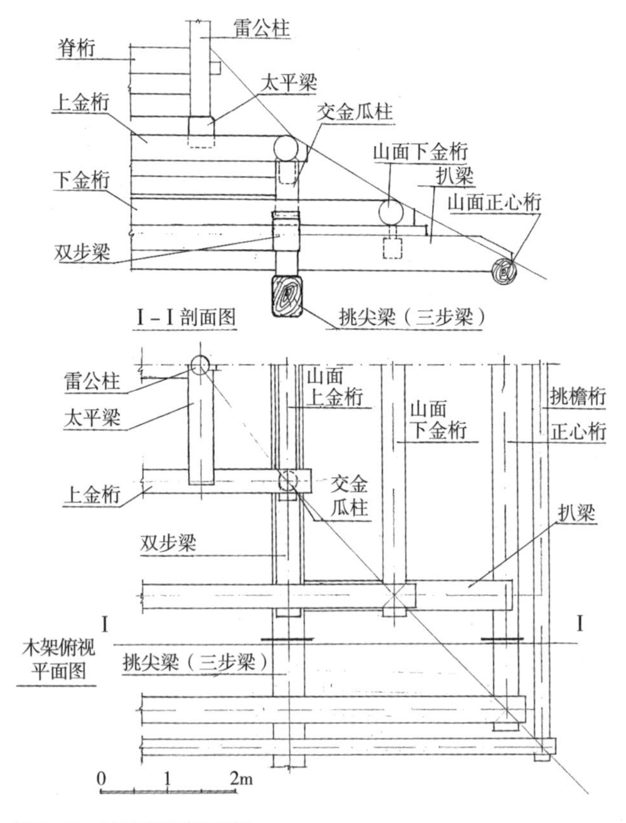

图5-14　校核后扒梁位置图

核对步架、举架的尺寸：各类的梁烧毁得很严重，木构件的下皮和两帮烧毁的深度50～100mm不等，而上皮凡有贴置的构件尚未被烧毁处，都保留了当时木工制作时留下的墨线痕迹，这就为测量提供了不少的方便。如三步梁、双步梁上可以测量到檐步的步架、下金步的步架；两山的上金桁是前后坡的上金桁之间的连接构件，此构件的长即两个脊步的步架。依测量的结果：檐步1.685m，金步1.67m，脊步1.67m；原图注步架尺寸：檐步1.68m，金步1.61m，脊步1.68m，与图纸基本相符。举高的测量，没有任何构件可以直接测量得到所需要的尺寸，只有采用分件测量，再进行加减运算得出举高。计算步骤：在中柱上有安装三步梁、双步梁、单步梁构件的卯口，这些卯口是各梁与中柱相连接的位置。这三个卯口底是三个梁的底，也就是梁的底皮。计算檐步架举高时，以安装三步梁的卯口底皮到双步梁的卯口底皮的尺度，加上双步梁底皮到桁椀的高度，即得出檐步的举高；金步的举高是以安装双步梁的卯口底到安装单步梁的卯口底的高度，再加上单步梁底到金桁椀的尺度，则是金步的举高；脊步的举高是由中柱安装单步梁的卯口底，距离中柱顶端的桁椀的尺寸，再减去单步梁底到金桁的桁椀尺寸，即得出脊步的举高。原图注举架尺度：檐步举高0.82m，金步举高0.94m，脊步举高1.28m。现场测量并经加减后所得尺寸：檐步举高0.835m，金步举高1.00m，脊步举高1.27m。所计算的尺度与原有图纸标注的尺度略有差别。

在烧毁的木构件中还有大量的斗栱零件，将这些零件拼凑在一起时，已很难凑成完整的斗栱了。座斗尚完整，正心栱还可以量到应有的尺寸，而翘、昂和升都不能测量到完整的尺寸；残存的蚂蚱头上有的有安装齐心斗的位置，有的没有安装齐心斗的卯口，蚂蚱头的式样也不同，应是两个样式的蚂蚱头（有可能是拆明代寿皇门的蚂蚱头与新补配的蚂蚱头同时都用在本建筑上了）；撑头木的后尾在室内留有三幅云和安装三才升的痕迹。昂头的长和式样，翘、栱的分瓣等均无法测量。在檐柱上尚有安装雀替的卯口，额枋的底皮有安装雀替的痕迹，雀替底部的蝉肚分瓣和卷草图样隐约可见。这些只可作为参照，已不具备可测量的条件。

（三）门座的大木尺度与清《工程做法》的比较

本建筑群是清《工程做法》颁布后的建筑，依现状测量情况与清《工程做法》中的有关项目进行比对，以此说明清《工程做法》在建筑工程中的指导作用。

1. 面阔与进深（表5-7）

各间面阔、进深尺寸表　　单位：mm　　表5-7

	明间	东次间	东梢间	西次间	西梢间	通计尺寸
原图注面阔	6020			5320	3280	23220
原图注进深	3300	1670廊				9940
现场测量面阔	5975前 5972后	5300前 5295后	3275前 3200后	5310前 5311后	3265前 3287后	23235
现场测量进深	3350	1680廊				10100
最后确定面阔	5990	5300	3270	5300	3270	23230
最后确定进深	3340	1710廊				10100

注：原图为1944年测绘图，建筑平面图只在轴线上标注尺寸；本建筑在山面显四间，中间明间、次间进深均为两间，两端为两廊间；前、后是分别指前、后檐的尺寸；通计尺寸指由角柱中至角柱中的尺寸。

表5-7中通计尺寸中的进深与面阔，其比值即10100∶23230，约为1∶2.29，长方形平面。门座的长宽比在1∶2～1∶3.5之间。[①]

---

① 对古代单体建筑的面阔与进深的比例关系，本人在《古代清代木构造》一书中已有论述。

2. 柱高与出檐、面阔

寿皇门的斗口是80mm，应是2.5寸的斗口。对各柱子的实际直径和高度测量的尺寸列表如5–8。

柱高、柱径尺寸表　　表5-8

尺寸斗口 / 部位	柱高		柱头径		柱根径	
	实测尺寸（mm）	折合斗口	实测尺寸（mm）	折合斗口	实测尺寸（mm）	折合斗口
明间檐柱	4800	60	420	5.25	470	5.875
次间檐柱	4800	60	420	5.25	470	5.875
角柱	4800	60	420	5.25	470	5.875
明间中柱	8955	111.9375	460	5.75	500	6.25
次间中柱	7610	95.125	460	5.75	500	6.25

在表中可以看出有关柱子的几个问题：檐柱的柱根直径不足6斗口，略小于清《工程做法》规定的6斗口的规定，而柱高与清《工程做法》规定的60斗口的尺寸相吻合。

檐柱的柱头与柱根的柱径相差50mm，中柱头与柱根相差40mm。这证明所有的柱子是有收分的。所有的檐柱高度都是一致的，这也说明建筑的檐柱没有生起。

在测量柱子尺寸时，木柱上还清晰地保留了原制作时的墨线，有柱中线和侧脚线，其根部差距40mm。这就明确了此建筑的侧脚是40mm。在清《工程做法》中没有规定，但实际操作中仍是存在的。

上出檐与下檐出的尺度见表5–9。

上、下檐出的尺寸　　单位：mm　　表5-9

	上出	下出	比值	备注
原图注尺寸	1790	未注		原图没有尺寸
实测尺寸	1840	1170	4：2.5	

上出檐在原图中注为1790mm，在实际测量构件中得到1840mm，图注小了50mm。下出檐实测1170mm。上、下出檐实际比1840：1170，约为4：2.5。在《清式营造则例》中定的下出檐尺寸，是依据上出檐的四分之三确定的。如按4：3确定，下檐出应是1380mm，比实际要多出210mm，显然小于《清式营造则例》所记的尺寸。

又据清工部《工程做法》的规定，上出檐的尺寸以柱高的十分之三定出檐。其檐柱高有两种计算方法：一是依檐柱实高计算，即4800×0.3=1440mm，为上檐出（比实际测量小了270mm，显然不是直接以实际柱高计算的）；另一计算方法是柱高再加斗栱高，则应是4800+896=5696mm；它们的十分之三应是5696×0.3=1708.8mm，比原测绘图的1790mm小了81.2mm，应算是接近的。而实际的测量尺寸是1840mm（大于原图注50mm），依此可以确定上出檐的尺寸是以是实际柱高再加斗栱的总高来计算的。符合《工程做法》所规定的尺寸。

面阔与柱高的关系：明间面阔5990mm，檐柱高4800mm，檐柱高与面阔的比4800：5990，即1：1.58，这与宋代的柱高"不越间之广"的说法也是合拍的。如果以实柱高加斗栱高来计算，则是5696：5990，约为1：1.04，此数据说明柱高与面阔是基本相等的。与宋代的柱高"不越间之广"的说法又有差距。

清《工程做法》中柱高与面阔之间的关系，没有直接给出应有的数据，现以"卷一：九檩单檐庑殿周围廊的木构架"为例，"单翘重昂斗科，斗口二寸五分，明次间面阔一丈一尺，檐柱以七十分定斗口定高"。现计算面阔与柱高的关系：面阔110寸折合斗口为44斗口，柱高70斗口，显然柱高是大于面阔的；寿皇门实际面阔5990mm，柱高加斗栱高5696mm，面阔大于柱高294mm，可见柱高与面阔的关系没有依《工程做法》实施。

3. 构架的尺度及梁、枋截面（表5-10）

构架的尺度　　单位：mm　　表5-10

正身部位	步架	举高	折合举架	山面部位	步架	举高	折合举架
檐步	1670	835	五举	檐步	1670	835	五举
金步	1670	1000	六举	金步	1560	1000	六五举
脊步	1670	1270	七六举	脊步	1290	1270	十举

由表5-10可以看出在正身部位的步架是相等的。举架也是通例做法，檐步五举，金步略不足六举，即按照六举定，脊步架只有七六举。两山面的檐步架五举是不变的，往上步架缩小，而举高不变，则形成山面金步六五举、脊步近十举。作为庑殿顶的建筑，其山面步架是逐步减小的，由于此构架只有三步，由现存的数据没有找到山面步架变化的规律。其尺寸的变化与《清式算例》并不合拍。对于庑殿顶山面构架变化只此一座，且体量不大，很难找出其举架与步架间变化的规律。

在寿皇门的构架中，于脊扶木上两端各增加了一块三角木，长2m、高1斗口的木料敷设在扶脊木上，这是增高脊端的做法。如果没有火灾后的复建，这样的做法是不可能被发现的，在清《工程做法》和《清式营造则例》中，都没有见到有关这块三角木的记载或规定。

梁枋构件尺度及截面形式见表5-11。

主要梁、枋尺寸列表　　单位：mm　　表5-11

构件名称	宽高尺度	折合斗口	宽高比	《工程做法》的尺度
挑尖梁	500×580	6.2×7.25	1：1.16	宽6斗口，高8.48斗口。 应是480×678.4
双步梁	420×510	5.25×6.375	1：1.2	三步梁高宽各收2寸定高宽。 416×614.4

续表

构件名称	宽高尺度	折合斗口	宽高比	《工程做法》的尺度
单步梁	380×440	4.75×5.5	1：1.16	双步梁高厚各收2寸定高宽。352×550.4
两山单步梁	420×510	5.25×6.375	1：1.2	
扒梁	400×500	5×6.25	1：1.25	
太平梁	400×450	5×5.625	1：1.125	
大额枋	400×500	5×6.25	1：1.25	宽6斗口减2寸，高与柱径同，应为6斗口。416×480
小额枋	320×385	4×4.8125	1：1.2	高4斗口，依高收2寸定宽。256×320
平板枋	160×280	2×3.5	1：1.75	宽3斗口，高2斗口。240×160
上金枋	270×340	3.375×4.25	1：1.26	高4斗口，宽4斗口减2寸。256×320
脊枋	270×340	3.375×4.25	1：1.26	同上

从表中构件的截面尺度看，宽、高比近似方形，作为构件的尺度，与清《工程做法》是对不上的。如挑尖梁、双步梁、单步梁的尺度都大于清《工程做法》中的尺寸。有些构件尺度又小于清《工程做法》，如檐柱径规定是6斗口，而柱根的直径就小于6斗口（见表5-8）。以大额枋为例：宽6斗口减2寸，高6斗口（折合公制为416mm×480mm），而实际宽5斗口，高6.25斗口，也就是说宽度上减16mm，而在高度上增加了20mm，与《工程做法》也是不相符的；又如上金枋，清《工程做法》中其厚是4斗口减2寸，即320－64=256mm，高4斗口，应是320mm，比实际尺寸在厚度上加了14mm，在高度上加了20mm。显然这些尺寸与清《工程做法》是有差别的。其缘由尚不清楚，但可以说明绝不是按照《工程做法》执行的。

木构架制作特征，总结起来：制作工艺尚精细，各个梁的本体四角抹棱，没有熊背；梁端的桁椀及各构件间的榫卯制作均能做到严丝合缝；金瓜柱和柁墩都没有艺术加工，只是方木抹棱。此与现存清乾隆时期的木构架的制作工艺基本相同。

4. 斗栱

寿皇门的斗口是80mm，折合清代工部营造尺是2.5寸的斗口，为八等材。有关斗栱的各类数据见表5-12 ~ 表5-16。

（1）攒档

外檐斗栱　　单位：mm　　表5-12

	明间	次间	梢间	两山明间	两山次间
斗栱攒数	平身科6攒	平身科5攒	平身科3攒	平身科3攒	平身科1攒
各间攒挡	855.7mm	883mm	807.5mm	835mm	807.5mm
折合斗口数	10.7斗口	11.03斗口	10.09斗口	10.44斗口	10.09斗口

从表5-12中可看出，各间中的斗栱攒挡中距是不等的，只有次间满足清《工程做法》的11斗口的规定，其余各间的攒挡都小于规定的尺寸。这也说明对清《工程做法》所规定的尺度，没有完全执行。

（2）拽架尺寸

平身科斗栱拽架尺寸表　　单位：mm　　表5-13

拽架	实测尺寸	折合斗口	《营造算例》规定
外拽第一跳	230	2.875	3斗口
外拽第二跳	230	2.875	3
里拽第一跳	240	3	3
里拽第二跳	240	3	3

清《工程做法》在二十八至四十卷中讲斗科各项尺寸做法中，有“凡斗科分档尺寸，每斗口一寸应档宽一尺一寸”。这说明斗栱的攒档是十一斗口，但这里没有拽架的尺度。只有在《清式营造则例》的辞辩中讲到了拽架，即“斗栱上翘或昂向前后伸出每一踩长3斗口，谓之拽架”。还在《营造算例》中讲翘昂斗栱的做法中有“每踩高按两个口数，每拽架按三个口数”。现在看来，清《工程做法》中没有拽架的尺度，却在梁思成先生所整理的《营造算例》中有明确的数据。这可以充分说明有些做法和数据是工匠们口传心授传承的数据。

寿皇门中斗栱的里、外拽架的尺度也略有变化，但只有10mm的差别，是实施中的误差，还是师傅传授的数据，还不清楚，但基本是符合《营造算例》中的尺度的。

（3）斗栱各构件的尺度

平身科斗栱见表5-14。

平身科斗栱的尺度与工程做法的比较 表5-14

构件名称	平身科实测尺寸			清《工程做法》定
	长宽高（mm）	长宽高（折合斗口）	长宽高（折合营造寸）	长宽高（营造寸）
坐斗	240×280×160	3×3.5×2	7.5×8.75×5	7.5×7.5×5
正心瓜栱	460×120×160	5.75×1.5×2	14.375×3.75×5	15.5×3.1×5
正心万栱	710×120×160	8.875×1.5×2	2.21875×3.75×5	23×3.1×5
垫栱板	厚32	0.4		
拽架瓜栱	460×80×112	5.75×1×1.4	14.375×2.5×3.5	15.5×2.5×3.5
拽架万栱	710×80×112	8.875×1×1.4	2.21875×2.5×3.5	23×2.5×3.5
厢栱	570×80×112	7.125×1×1.4	17.8125×2.5×3.5	18×2.5×3.5
头昂	788×80×240	9.85×1×3	24.625×2.5×7.5	24.625×2.5×7.5
二昂	1234×80×240	15.425×1×3	38.5625×2.5×7.5	38.25×2.5×7.5
蚂蚱头	1260×80×160	15.75×1×2	39.375×2.5×5	39×2.5×5
撑头木	1210×80×160	15.125×1×2	37.8125×2.5×5	38.85×2.5×5
桁椀	912×80×240	11.4×1×3	28.5×2.5×7.5	30×2.5×7.5

寿皇门斗栱构件的长度是在火烧后残存的基础上测量，并根据各开间的尺度确定的，与清《工程做法》卷三十三所给的尺度不一，略有差别。而宽、高是一致的。

平身科斗栱是五踩斗栱，外出重昂和蚂蚱头；内侧为翘、菊花头、六分头、蔴叶头。在现场看到的蚂蚱头有两个样式，蚂蚱头的高度不一，有头高160mm的，还有头高112mm的。显然头高112mm的头上应有一个升，也就是在厢栱与蚂蚱头相交处，上置齐心斗。而在160mm高的蚂蚱头处，没有此构件。由此可见在建造时这里的斗栱有可能利用了旧存的构件，或者是拆除明代寿皇门遗留的构件。

柱头科斗栱见表5-15。

柱头科斗栱的尺度与工程做法的比较 表5-15

构件名称	柱头科实测尺寸			清《工程做法》定
	长宽高（mm）	长宽高（折合斗口）	长宽高（折合营造寸）	长宽高（营造寸）
坐斗	320 × 280 × 160	4 × 3.5 × 2	10 × 8.75 × 5	10 × 7.5 × 5
正心瓜栱	460 × 120 × 160	5.75 × 1.5 × 2	14.375 × 3.75 × 5	15.5 × 3.1 × 5
正心万栱	710 × 120 × 160	8.875 × 1.5 × 2	2.21875×3.75×5	23 × 3.1 × 5
垫栱板	厚32	0.4		
拽架瓜栱	460 × 80 × 112	5.75 × 1 × 1.4	14.375×2.5×3.5	15.5 × 2.5 × 3.5
拽架万栱	710 × 80 × 112	8.875 × 1 × 1.4	22.1875×2.5×3.5	23 × 2.5 × 3.5
厢栱	570 × 80 × 112	7.125 × 1 × 1.4	17.8125×2.5×3.5	18 × 2.5 × 3.5
头昂	788 × 180 × 240	9.85 × 2.25 × 3	24.625×5.625×7.5	24.625 × 5 × 7.5
二昂	1234×250×240	15.425×3.125×3	38.5625×7.8125×7.5	38.25 × 7.5 × 7.5

柱头科斗栱：此斗栱是檐柱上与梁头的接点，其承重较大，实际功能要求要比平身科斗栱加宽。比清《工程做法》中的宽度都有增加，如座斗的宽增加1.25寸，头昂增加了

0.625寸，二昂增加0.3125寸。显然实际尺寸都大于清《工程做法》中的尺度。

角科斗栱（表5–16）：角科斗栱在正面和侧面是一致的，与平身科的构件尺度是相同的。在转角45° 方向上的斜头翘、斜头昂、由昂等构件均比清《工程做法》中的尺度加宽（表5–16中的斜头昂、斜二昂、由昂）；在外拽厢栱与搭角正头昂至斜头昂之间，有搭角闹二昂带单材瓜栱，在此瓜栱上置蚂蚱头。此做法是清代的特点，有别于明代的角科斗栱中的鸳鸯交手栱的做法。

角科斗栱的尺度与工程做法的比较　　表5-16

构件名称	角科实测尺寸			清《工程做法》定
	长宽高（mm）	长宽高（折合斗口）	长宽高（折合营造寸）	长宽高（营造寸）
坐斗	256 × 256 × 160	3.2 × 3.2 × 2	8 × 8 × 5	7.5 × 7.5 × 5
正头昂带正心瓜栱	734 × 120 × 240	9.175 × 1.5 × 3	22.9375 × 3.75 × 7.5	23.5 × 3.1 × 7.5
正二昂带正心万栱	1099 × 120 × 240	13.7375 × 1.5 × 3	34.34375 × 3.75 × 7.5	34.75 × 3.1 × 7.5
垫栱板	厚32	0.4		
搭角闹二昂带单材瓜栱	974 × 80 × 240	5.75 × 1 × 3	30.4375 × 2.5 × 7.5	30.1 × 3.1 × 7.5
搭角闹蚂蚱头后带万栱	1055 × 80 × 160	13.1875 × 1 × 2	32.96875 × 2.5 × 5	30.4 × 2.5 × 5
把臂厢栱	1041 × 80 × 112	13.0125 × 1 × 1.4	32.53125 × 2.5 × 3.5	30.6 × 2.5 × 5
斜头昂	1185 × 160 × 240	14.8125 × 2 × 3	37.03125 × 5 × 7.5	34.475 × 2.75 × 7.5
斜二昂	1743 × 185 × 240	21.7875 × 2.3125 × 3	54.46875 × 5.78125 × 7.5	53.35 × 4.83 × 7.5
由昂	2592 × 220 × 400	32.4 × 2.75 × 5	81 × 6.875 × 12.5	75.75 × 5.7 × 13.75

图5-15
20世纪80年代寿皇门复建后

复建时没有按照原始三樘中柱门做设计，复建后业主依使用需要，自增加了外檐门窗。本照片拍摄于2005年。

内槽斗栱：内槽斗栱有柱头斗栱与平身科斗栱。柱头有两类，位于金柱头上与柁敦上的是一斗三升斗栱，金柱头上承五架梁、柁敦上承三架梁；位于脊瓜柱上的置一斗二升交蔴叶云。在脊枋上安装的一斗三升斗栱，即宋《营造法式》中的顺脊串。在金柱与抱头梁连接处加设丁头栱，这些都是具有宋代做法的表现，是否仿已拆掉的明代寿皇门斗栱，尚难以说清（图5-15）。

结论：通过上述比较可见，清《工程做法》在颁布20年之后，对建筑工程的指导作用一般，没有现代建筑物一定依规范绝对执行的意思，所以还能见到宋代、明代工程做法的遗迹。

第六章

《太和殿纪事》与清《工程做法》

《太和殿纪事》是建造太和殿的所有事项的记录[1]，笔者最关心的是备料和实施情况。《太和殿纪事》中对木材的使用有详实记录，是研究太和殿木构架情况的重要资料，也是本章的重点。

清康熙三十四年（1695年）重建太和殿，康熙三十七年（1698年）建成。这是太和殿由明永乐开始第五次重建，现存建筑构架是康熙三十七年（1698年）所建。这个时期是依据什么法式、规定建造的？明代有关建筑法式尚未见到。现以宋代《营造法式》和清代《工程做法》（雍正年间编著）对照分析太和殿的木构架，追寻其法式制度。

对太和殿木构架的分析，以现存建筑物和民国33年（1944年）的测绘图、《太和殿纪事》[2]为据进行分析（图6-1～图6-3）。

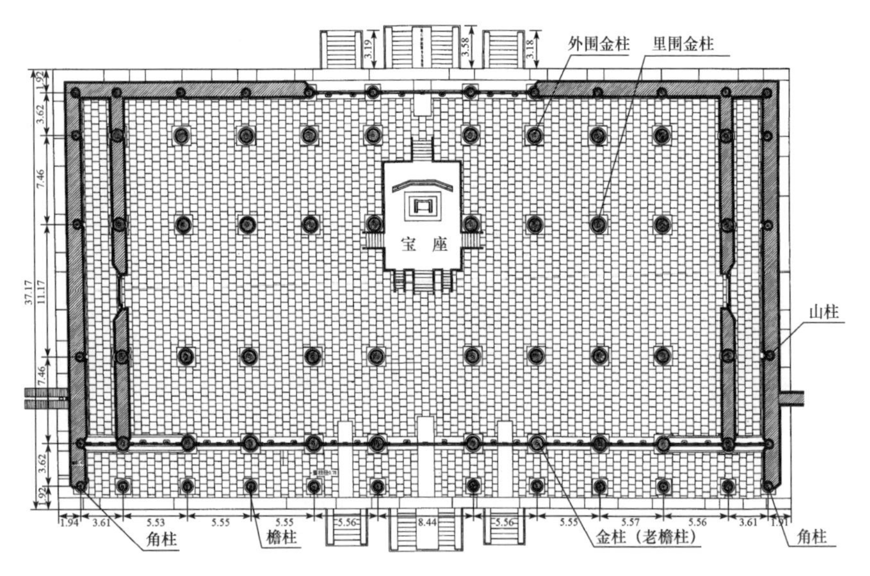

图6-1　太和殿平面图

① （清）江藻编著：《太和殿纪事》（康熙三十七年）.

② 见《紫禁城学会会刊》总第二十三期。

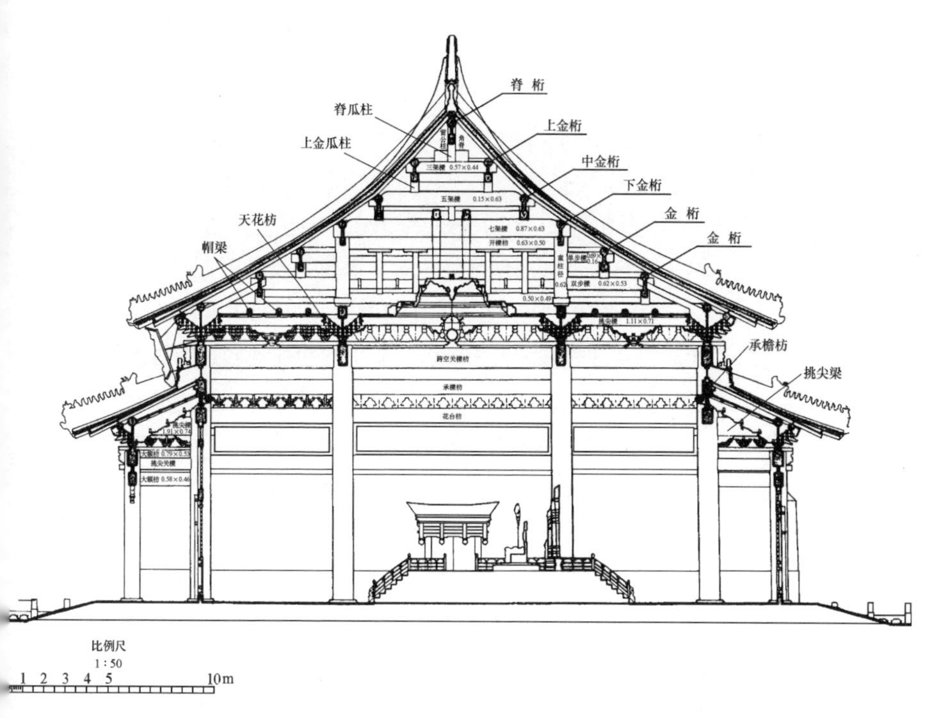

图6-2 太和殿横剖面图

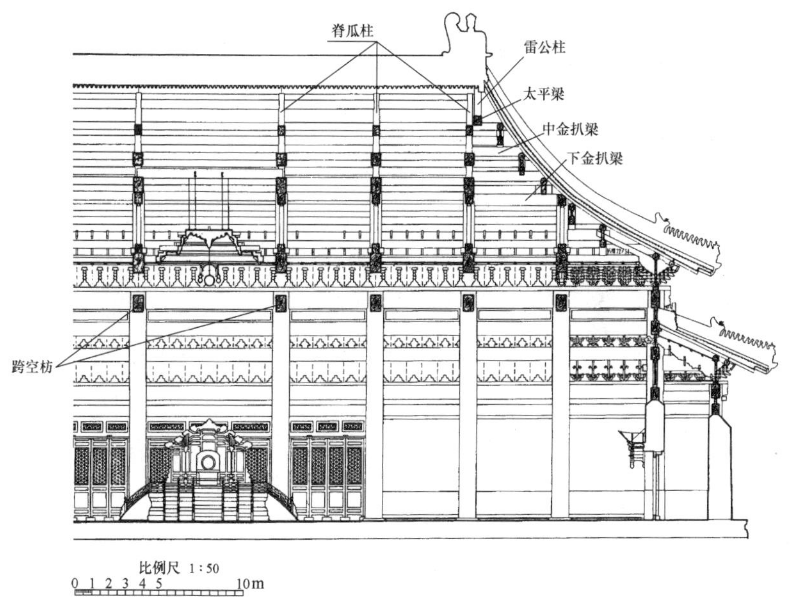

图6-3 太和殿纵剖面图

一、太和殿的概况

《太和殿纪事》载："康熙三十四年（1695年）三月二十五日奏，并图样进呈。本日奉旨：依议。"

"太和殿一座计九间，东西两边各一间内：明间面阔二丈六尺三寸五分，八次间各一丈七尺二寸，两边间各面阔一丈一尺一寸，通面阔十八丈六尺九寸五分（依上述尺寸加得十八丈六尺一寸五分，在数字计算中有误差）。山明间面阔三丈四尺八寸五分，两次间各面阔二丈三尺二寸七分，前后小间各面阔一丈一尺一寸，通进深十丈三尺五寸九分。檐柱高二丈三尺，金柱高三丈九尺五寸，正中高七丈四尺五寸九分。庑殿重檐。溜金斗科，上檐单翘三昂，下檐单翘重昂。中明间龙井天花……"上述建筑开间尺度、屋顶式样、斗栱、天花、藻井等均与现存建筑物相符。

面阔九间，再加东西两廊间计十一间，各间面阔尺寸列表如表6-1所示。

太和殿面阔各间尺寸表　　表6-1

	明间	次间	次间	次间	次间	廊间	备注
图注尺寸	8.44m	5.56m	5.56m	5.56m	5.56m	3.61m	公制
《太和殿纪事》尺寸	二丈六尺三寸五分	一丈七尺二寸	一丈七尺二寸	一丈七尺二寸	一丈七尺二寸	一丈一尺一寸	清尺

注：图注尺寸，指民国31年（1942年）测绘图。通面阔60.14m，《太和殿纪事》载通面阔十八丈六尺九寸五分，折合公制59.824m，以实际统计数十八丈六尺一寸五分，折合公制应是59.568m，《太和殿纪事》数据均有误。

各间开间尺度列表如表6–2所示。

太和殿进深各间尺寸表 表6-2

	山面明间	次间	梢间	备注
图注尺寸	11.17m	7.46m	3.61m	公制
《太和殿纪事》尺寸	三丈四尺八寸五分	二丈三尺二寸七分	一丈一尺一寸	清尺

注：进深尺寸：测绘图注通进深37.17m；《太和殿纪事》载十丈三尺五寸九分，折合公制33.1488m。《太和殿纪事》的数据与实际尺寸有4m的差别。

二、康熙年间所建太和殿几个问题的探讨

（一）木结构建筑开间的问题

《太和殿纪事》载："臣等查案并《会典》内开：康熙六年具题，修太和殿九间，东西两边各一间。面阔十八丈六尺九寸五分，进深十丈三尺五寸九分。檐柱高二丈三尺，正中高七丈四尺五寸九分。今太和殿照此建造可也。"这就是说明康熙三十四年（1695年）建的太和殿是依据康熙六年（1667年）所定的太和殿规模而建的。

现在要研究的是以斗栱量确定建筑明间面宽，还是先确定面宽后再排列斗栱的问题。

1. 以斗栱的攒数确定建筑的面阔、进深

清《工程做法》中的卷一、二、三都是有斗栱的建筑物，是以斗栱的攒数确定建筑物各间面阔和进深的：卷一是九檩单檐庑殿周围廊，单翘重昂斗栱，斗口二寸五分。"面阔用斗栱六攒，再加两边柱头科半攒，共斗科七攒，得面阔一丈九尺二寸五分；次间收一攒，得面阔一丈六尺五寸；廊间内用平身科一攒，两边柱头科各半攒共斗科两攒，得廊子面阔五尺五寸。"这里没有给出面阔是几间，可以是五间，也可以是七间或是九间，各间的开间尺寸是以斗栱攒数递减的。又"如进深，每山分间，各用平身科三攒，两边柱头科

各半攒，共斗科四攒，明间、次间各得面阔一丈一尺，再加前后廊各深五尺五寸，得总进深四丈四尺。”这里给了进深尺寸，同时也给了斗栱的攒数。这些数据是怎样确定的，没有明确说明。

在《太和殿纪事》中给出了各间的尺寸，又给出了总的面阔、进深的尺度，但没有斗口数据，每间所设置的斗栱数量已确定，且明间的斗栱与次间斗栱不是减一攒的问题，也不是次间、梢间逐一减少一攒的问题。[①]太和殿斗栱用量的确定依据不清楚。

依照清《工程做法》："凡面阔、进深以斗科攒数而定，每攒以口数十一份定宽。如斗口二寸五分，以科中分算，得斗科每攒宽二尺七寸五分。如面阔用平身科六攒，加两边柱头科各半攒，共斗科七攒，得面宽一丈九尺二寸五分……；如进深每山分间，各用平身科三攒，两边柱头科各半攒，共斗科四攒，明间、次间各得面宽一丈一尺……"这只是一般规模的宫殿的尺度，显然太和殿的斗栱设置数量与清《工程做法》是无关的，那么其设置斗栱的依据是什么？

2. 依斗口的数据计算建筑面阔、进深

依据斗口推算太和殿明间的面阔，斗口是9cm。明间设置平身科斗栱8攒，再加两边柱头科各半攒，则共9个攒档。东西四个次间都是设置了5攒平身科斗栱，其开间是相等的，进深方向因是五间，山面明间有11攒斗栱，两次间有7攒斗栱，廊间有3攒斗栱。依设置的斗栱量，计算各开间的尺寸见表6-3。

---

① 《太和殿纪事》中已定太和殿明间设置平身科斗栱八攒，次间、梢间、尽间都是五攒平身科斗栱，廊间是三攒平身科斗栱，与现存的太和殿相符。

太和殿的斗栱的间距表　　斗口：实测9cm　　表6-3

位置	斗栱攒数	按11斗口间距计算面阔	实测尺寸（计算斗栱的间距）
面阔明间	8	9×11×90=8910mm	8440 / 9=937.8mm / 9=10.42斗口
次间	5	6×11×90=5940mm	东次间5560 / 6=926.7mm / 90=10.3斗口 西次间5550 / 6=925mm / 90=10.28斗口
梢间	5	6×11×90=5940mm	东梢间5550 / 6=925mm / 90=10.28斗口 西梢间5550 / 6=925mm / 90=10.28斗口
次梢间	5	6×11×90=5940mm	东次梢间5570 / 6=928mm / 90=10.31斗口 西次梢间5550 / 6=925mm / 90=10.28斗口
尽间	5	6×11×90=5940mm	东尽间5560 / 6=926.7mm / 90=10.3斗口 西尽间5530 / 6=921.6mm / 90=10.24斗口
廊间	3	4×11×90=3960mm	东廊3610 / 4=902.5mm / 90=10.02斗口 西廊3610 / 4=902.5mm / 9=10.02斗口
通面阔	54	65×11×90=64350mm	60.08m
进深明间	11	12×11×90=11880mm	11170 / 12=930.8 / 90=9.696斗口
次间	7	8×11×90=7920mm	7460 / 8=932.5mm / 90=10.36斗口
廊间	3	4×11×90=3960mm	3620 / 4=905mm / 90=10.06斗口
通进深		36×11×90=35640mm	33.33m

从表6–3中看出以斗口计算的面阔、进深尺寸都大于实测尺寸，这说明斗栱间的挡距不是标准的11斗口，而是缩小了。斗栱间距最大在明间只有10.42斗口，最小的间距只有10.02斗口。所以斗口也不是计算建筑物面宽、进深的主要依据。已经确定各开间的尺度是怎样得来的，其依据有待于进一步研究。

反之，由太和殿的斗栱排列，是否可以这样推断：清《工程做法》所定的斗栱间距的11斗口，是参照太和殿的10点多的斗口，将小数进入到整数11的结果？

（二）柱高和出檐

据清江藻编的《太和殿纪事》一书载："檐柱高二丈三

尺”，折合公制是7.36m，测绘图中的尺寸是7.58m（柱础古径的高包括在内）。金柱高在《太和殿纪事》一书中记为三丈九尺五寸，折合今公制是12.64m，测绘图中的尺寸叠加是12.935m（柱础古径的高已包括在内）。

按照清《工程做法》的规定：“凡柱高以斗口七十份定高”，即由柱底到挑檐桁下皮。太和殿柱高在图中注以地面至挑檐桁下皮为8.51m，折合94.6斗口。减掉柱础高0.234cm，那么还有92斗口，也远远大于70斗口的规定。

再计算实际柱高，仍以图注尺寸计算，檐柱高8.51m（由挑檐桁到台基上皮的尺寸），斗栱高0.78m，檐柱实高7.53m。柱高折合83.6斗口，亦远大于清《工程做法》所规定56.8斗口的规定。

下层檐的斗栱是单翘重昂七踩（由平板枋至檐桁下皮）以9cm的斗口计算，斗栱高应是1.008m，图注斗栱高0.78m（平板枋上皮至挑檐桁下皮），这是测绘的问题，还是斗栱的分件尺寸与规制不同所致？有待于再次测量核实。

太和殿的檐柱径0.78m，合8.67斗口，清《工程做法》中檐柱径为6斗口；金柱径应是檐柱径加2寸，实际金柱径是1.06m合11.78斗口，远不是在檐柱径上加2寸的尺寸。看来太和殿的檐柱径、金柱径与清《工程做法》的规定没有直接关系。

出檐：下出檐，即檐柱中至台明边沿1.91m、1.94m两个尺寸，取其平均值，按1.925m计算。

上出檐与柱高的比例：按照图纸注尺寸首层屋顶出檐3m，上层屋顶出檐3.21m。按照清《工程做法》屋檐平出是由正心桁中到飞椽外缘为30斗口。太和殿斗口是9cm，那么出檐应是2.7m，实际测量是3m，显然比清《工程做法》大了0.3m，合计3.3斗口。

下出檐的尺度：《营造算例》中：“上檐平出八扣”。首层屋顶出檐3m，则应是2.4m。实际下出还不足2m。只有在上出檐的六四扣时，才能得出下出1.92m。这样比较看，出檐与清《工程做法》不对口，更与《营造算例》没有关系。

宋《营造法式》的出檐：“造檐之制，皆从撩檐枋心出，如椽径三寸，即檐出三尺五寸；椽径五寸，即檐出四尺至四尺五寸；檐外另（原文将另字写成“别”字了）加飞檐，每檐（出）一尺（加）出飞子六寸……”看来宋代的椽出是以椽径的大小决定的（飞椽出是依檐椽出来确定的），并没有体现出与柱子和下出的关系。这就是说太和殿的出檐尺寸，既不符合清《工程做法》，也与宋代《营造法式》关系不明。

以上对太和殿的柱高、出檐等尺度的比较中，也不同于清《工程做法》的规定。是否是明代建筑工程做法的自然延续？这有待进一步研究。

（三）梁架的构成和构件的截面尺度

太和殿是重檐庑殿式，其屋顶部位的叠梁构架由三部分构成，在里围金柱位上立童柱，于童柱上架设七架梁，再上置瓜柱、五架梁、三架梁和脊瓜柱，这部分是七檩构架；在外围金柱与里围金柱间，采用单步梁、双步梁、三步梁的构架，这部分是三檩的构架；前后两坡的三步梁构架和中间的七檩构架组合，即太和殿屋顶的十三檩的大构架。由于是庑殿顶，两山的坡屋面的构架，采用了扒梁做法，将转角部位的交金瓜柱落在扒梁上。山面的单、双步梁、三步梁范围和七架梁区域均采用扒梁做法，就构成了山面构架。

1. 构架和推山

太和殿屋顶正身部位的十三檩构架，其步架的分配在三步梁区域内，由檐步到单步梁的步架尺寸是3.17m、2.11m、2.19m；在七架梁区域的步架为1.86m，图注脊步是1.87m。

在七架梁区域内的步架是均等的，在三步梁区内的步架是不等的（依1942年的测绘图）。

前后坡屋架各部位的举高，由檐步往上依次是1.53m，1.2m，1.35m，1.45m，1.64m，2.0m。由图注数据可计算各部的举架比例：檐步举高是1.53/3.17=0.482，再往上分别是1.2/2.11=0.568；1.35/2.19=0.616；1.45/1.86=0.779；1.64/1.86=0.882；2.0/1.87=1.07。由计算数据看檐部不足五举；往上是逐步台高举架，到脊步架时，步架已是高于十举了。

山面举架的变化。两山面的举高尺度与正身的举高是相等的，变化在步架上。现在要弄清楚山面步架变化的依据是什么。据测绘图注的山面步架的尺度：檐步架3.18m（檐部同正身的檐部尺寸相等），往上是1.81m、1.66m、1.34m、1.30m、1.34m。步架是逐步收缩的，而到了脊步又略有加大，山面的举高与正身举高相等，由于步架的变化，其举架也随之变化。依图注尺寸计算山面各步举架：檐步架是1.53/3.18=0.481（与正身檐部的举架相同），再往上分别1.2/1.81=0.663、1.35/1.66=0.813、1.45/1.34=1.082、1.64/1.30=1.262、2.0/1.34=1.493。由此得出檐部不足五举，下金步为六六举，下中金步为八举，中金步为十举，上中金步为一二六举，脊步达到一五举，这就是太和殿山面的陡度。由于山面的陡度由下金步起始加大举高，各步举高均大于正身构架的举高，所以在屋面的前后坡交接点处的连线便成了弧线，这个弧线即屋面垂脊的弧线，增加了屋顶的曲线美（图6–4）。

山面步架变化的做法，在工程中称为“推山”。梁思成先生编订的《营造算例》中讲到“庑殿推山”的做法：“除檐步方角外，自金步至脊部，按进深步架，每步递减一成。”在举例中“如九檩，每山四步，第一步六尺，第二步五尺，第三步四尺；除第一步方角不推外，第二步按一成推，计五

图6-4　太和殿屋顶山面垂脊曲线照片

寸，净计四尺五寸；连第三步、第四步亦随各推五寸，再第三步除随第二步推五寸，余三尺五寸外，再按一成推，计三寸五分，净计步架三尺一寸五分；第四步又随推三寸五分，余二尺一寸五分，再按一成推，计二寸一分五厘，净计步架一尺九寸三分五厘。”依上述推算，列出计算式：

第二步（即山面的下金步）：5尺−5寸=4.5尺；

第三步（山面上金步）：4尺−5寸=3.5尺−3寸5分=3.15尺；

第四步（山面的脊步）：3尺−5寸−3寸5分=2尺1寸5分−2寸1分5厘=1.935尺。

其所得山面步架的实际长度：檐步6尺、下金步4.5

尺、上金步3.15尺、脊步1.935尺。现在的问题是各步架所给的基数为什么是在正身等距步架的基础上，首先减去一成（此一成在举例中变成了一尺），然后各步架的长度是在已递减的基础上再按照推山的推法，逐步再减一成，其原理是什么？依照此推山方法，是得不出太和殿山面步架的尺度的。所以推山的尺度如何得来，山面步架的变化规律及其依据，尚有待于对庑殿顶构架的大量测量。

2. 大木构件的截面尺度

《太和殿纪事》所列的构件尺寸与民国31年的测绘图中所注尺寸不完全相符，现只将柱、梁、枋等主要构件尺寸列表如表6-4、表6-5所示。

《太和殿纪事》构件尺寸（斗口按3寸计算）　　表6-4

构件名称	宽（尺）	折合斗口	高（尺）	折合斗口	构件宽高比
檐柱	径2.4	8	23	76.7	
金柱	径3.2	10.67	39.5	131.67	
小额枋	1.4	4.67	2	6.67	1：1.428
大额枋	1.6	5.33	2.5	8.33	1：1.5625
挑尖梁（三步梁）	2.2	7.33	2.8	9.33	1：1.27
挑尖随梁	1.3	4.33	1.7	5.67	1：1.3077
童柱	径2.4	8			
挑尖梁（七架梁）	2.4	8	2.8	9.33	1：1.67
随梁枋	1.6	5.33	2.0	6.67	1：1.25
五架梁	2.0	6.67	2.4	8	1：1.2
三架梁	1.4	4.67	1.8	6	1：1.285
太平梁	1.4	4.67	1.8	6	1：1.285
扒梁（十一架）	1.8	6	2.4	8	1：1.33
扶梚木	1.5	5	2.0	6.67	1：1.33

续表

构件名称	宽（尺）	折合斗口	高（尺）	折合斗口	构件宽高比
扒梁（九架）	1.6	5.33	2.0	6.67	1：2.5
扒梁（七架）	1.6	5.33	1.8	6	1：1.125
扒梁（五架）	2.0	6.67	2.4	8	1：1.2
扒梁（三架）	1.6	5.33	2.0	6.67	1：1.25
金、脊桁	径1.4	4.67			
金、脊枋	1.0	3.33	1.5	5	1：1.5

依《民国31年（1942年）测绘图》注的构件尺度　　表6-5

构件名称	宽（m）	折合营造尺	高（m）	折合营造尺	构件宽高比
檐柱	径0.78	2.4375			
金柱	径1.06	3.3125			
小额枋	0.46	1.4375	0.58	1.8125	1：1.26
大额枋	0.53	1.65625	0.79	2.46875	1：1.49
挑尖梁（檐步）	0.70	2.1875	0.9	2.84375	1：2.86
挑尖梁（三步梁）	0.71	2.21875	1.11	3.46875	1：1.56
童柱	径0.68	2.125			
双步梁	0.57	1.78125	0.62	1.9375	1：1.09
单步梁	0.46	1.4375	0.49	1.53125	1：1.07
七架梁	0.63	1.96875	0.87	2.71875	1：1.38
随梁枋	0.5	1.5625	0.63	2.03125	1：1.26
五架梁	0.63	1.96875	0.75	2.34375	1：1.19
三架梁	0.44	1.375	0.57	1.78125	1：1.3
十一架扒梁	0.54	1.6875	0.72	2.25	1：1.33
下金扒梁	0.46	1.4375	0.56	1.75	1：1.22
上金扒梁	0.52	1.625	0.56	1.75	1：1.08

续表

构件名称	宽（m）	折合营造尺	高（m）	折合营造尺	构件宽高比
桁	径0.42	1.3125			
下金枋	0.35	1.09375	0.47	1.46875	1：1.34
中金枋1	0.32	1.0	0.45	1.40625	1：1.41
中金枋2	0.30	0.96	0.46	1.4375	1：1.53
上金枋3	0.31	0.96875	0.46	1.4375	1：1.48
脊枋	0.32	1.0	0.49	1.53125	1：1.53

注：营造尺=0.32m。

在上列的两个表中大多数尺寸是相近的，略有差别的可能是测绘中的误差，但只有两个构件的尺寸差别较大，如三步梁（即《太和殿纪事》中的挑尖梁）的高，测绘尺寸（1.11m折合3.46875尺）要大于《太和殿纪事》中的尺寸（2.8尺）；还有七架梁的宽，测绘尺寸0.63m，折合营造尺是1.96875尺，而《太和殿纪事》中的七架梁宽2.4尺，显然比实测宽了。上述问题，可能是《太和殿纪事》上的错误，或是在实施中可能觉得有问题而修正了尺寸，对此应存疑。

从表中可看到太和殿的梁、枋等高宽比，最大为1：3.86，只此一件。大多数构件的高宽比在1：1.2～1：1.5之间，与清《工程做法》中的构件比例尺度作如下比较：

现依《工程做法》卷一的九檩庑殿顶的建筑做法中的七架梁等构件尺度作比较。如七架梁“以金柱径加二寸定厚；以本身厚每尺加二寸定高”，五架梁“以七架梁之高、厚各收二寸定高、厚”，三架梁“以五架梁高、厚各收二寸定高、厚”。

再依《太和殿纪事》所给的童柱来计算七架梁的截面（因七架梁是安装在童柱上的）：童柱径2.4尺加2寸，七架梁的厚即2.4尺+2寸=2.6尺，梁高为2.6+2.6×0.2=3.12尺；同理，五架梁的厚为2.4尺；高为2.92尺。三架梁厚2.2尺，高2.72尺。这个计算尺寸比《太和殿纪事》所给的尺寸都大（表6–6）。

清《工程做法》计算的尺度与《太和殿纪事》中的尺度比较表　　表6-6

依《工程做法》计算的尺寸	宽×高（尺）	宽高比	《太和殿纪事》宽×高（尺）	宽高比
七架梁	2.6×3.12	1：2	2.4×2.8	1：1.67
五架梁	2.4×2.92	1：1.22	2.0×2.4	1：2
三架梁	2.2×2.72	1：1.24	1.4×1.8	1：2.86

由表6–6可见依《工程做法》计算的几个梁的截面尺寸都大于《太和殿纪事》所给的尺寸。

由上述表6–4～表6–6中的数据可以得出以下的结论。

1. 现存的太和殿大木构架尺度是依《太和殿纪事》的木料尺度建造的。

2.《太和殿纪事》中的木构件截面尺度高宽比在1：1.2（即接近2：3）以上，是明代木构件尺度的延续。

3. 在实测图注中，有木构件截面近似方形，出现1：1.07和1：1.09的宽高比，应是清《工程做法》中木构件制定的参照。

4. 所有檩径的尺度都是同一直径，《太和殿纪事》给的直径为1.4尺，测绘图上注0.42m，这是不合理的。因太和殿的明间面阔8.44m，次间面阔5.56m，相同荷载，如明间满足受力要求时，则次间的构件是很大的浪费。

三、太和殿内外檐斗栱

（一）外檐斗栱

外檐的斗栱有平身科、柱头科、角科三个类型。

首层为单翘重昂（七踩）斗栱，上层檐为单翘三昂（九踩）斗栱。这里的柱头科斗栱的坐斗的宽，近乎两个平身科座斗，翘、昂等都比平身科的翘昂加宽2～3倍，尺度远远大于平身科斗栱。在视觉上，柱头科斗栱是非常突出的。角科斗栱反映出清代的变化，最突出的是整齐并列的蚂蚱头（图6-5～图6-8）。

雀替：雕刻云栱蕃草雀替（图6-9）。

图6-5　太和殿下层檐角科斗栱

图6-6　太和殿下层檐柱头科、平身科斗栱

图6-7　太和殿上层檐柱斗栱和平身科斗栱

图6-8　太和殿上层檐角科斗栱

（二）室内构架上的斗栱

在外围金柱间所见的斗栱有首层檐镏金斗栱的后尾置于承椽枋下，由大斗、瓜栱、万栱和三幅云组成，即通常所说的花台科斗栱。

在外围金柱上于上层檐的大额枋上所置的斗栱，其内檐部分是上层镏金斗栱的内侧，在天花板以下部分，则同室内金柱槽的品字斗栱相同，而天花板以上部位则简化了许多，只是在桁椀部分斜起直入下金枋部位的斜杆。

在里围金柱间，沿面阔方向所置的斗栱即品字科斗栱。其形制与外围金柱内侧天花板以下的斗栱是一致的，这些斗栱在室内是同一高度，位于天花板下，其造型是同样的，给人以完整统一的感受。

在后檐柱与后檐金柱间是首层檐斗栱的内侧部分，即镏金斗栱。

在内金柱上设置柱头科，其头翘、二翘的式样与室外相同，再向上则雕刻为雀替，“称为内里围灵芝蝙蝠花台柱

图6-9　太和殿明次间雀替

头科”[①]。

在天花梁与跨空枋间设置隔架科，由荷叶、重栱、雀替组成，称“一斗三升重栱荷叶雀替隔架科”（图6-10）。

（三）斗栱细部特点

斗的式样：斗有大斗、十八斗、三才升等。这些升斗的欹部呈直线形。

昂的式样：昂的下部起始点，由十八斗的斗口开始，是直线向下斜出；昂头呈馒头状。

角科斗栱最上层并排着三个蚂蚱头，这是清代角科斗栱

① 见王璞子《清初太和殿重建工程》

图6-10　太和殿室内隔架科正面（故宫博物院供图）

的特点。

雀替的外形：雀替头斜向下垂，下腹的蝉腹纹，只有三弯曲线，底托是云栱和升。雀替心雕刻卷草纹样。

结论：太和殿是清代《工程做法》产生前的作品，应是明代建筑手法到清代《工程做法》时期的过渡，木构件的截面尺度反映出传承宋、明两代的2：3尺度，在装饰、装修、彩绘上做到了极致。在工程质量上，历经三百多年没有漏雨，完好地保护了木构架。21世纪初大修故宫时，揭除太和殿的瓦泥时，是用镐在屋顶上刨起来的，可见当时施工的精致。

第七章

也谈斗栱

20世纪以来，古建筑界对斗栱的研究已很深入了，今天也谈斗栱，是有原由的。

一、问题的缘起

我国申办2022年冬季奥林匹克运动会成功，与北京联合举办的城市——张家口市也成了众人瞩目的城市，而其老城中保留的明代建筑更是让笔者想一探究竟。2015年国庆休假期间，于10月1日午后直奔张家口。10月2日参观张家口古堡，站在街口，向南可看到文昌阁，向北可看到玉皇阁（后建，并非原样复建）。文昌阁位于古堡的中心，阁建于墩台上，是明代万历四十六年（1618年）所建。阁本体面阔三间，进深两间，单檐歇山顶木构架。屋顶敷设青色筒板瓦。檐下设置单翘重昂七踩斗栱（图7–1、图7–2），斗栱内侧出三翘。明间脊枋底题记建于"万历四十六年"（图7–3）。这里觉得特别的就是斗栱，平身科和柱头科的斗栱尺度都是一样的，为什么？在回程的路上还看了宣化城内的清远楼、镇朔楼。其斗栱的形制做法与文昌阁的斗栱很相似，斗栱的平身科与柱头科中的升、斗、翘、昂等构件的尺度是相等的（图7–4、图7–5）。笔者所见的明代建筑中平身科斗栱与柱头科尺度一致的还有山西省代县的边靖楼（图7–6）。边靖楼，始建于明洪武七年（1374年），成化七年（1471年）失火后重建。楼的墩台高13m，长43m，宽33m，楼本体面阔七间，进深五间，四周围廊三层四滴水，歇山式屋顶。笔者于2006年看到时觉得这里的斗栱很是奇怪，不同于北京城内建筑上斗栱有平身科、柱头科之分。2010年去山东旅游时，笔者又在济南市长清区万德镇境内，见到灵严寺内千佛殿斗栱也是柱头科斗栱与平身科斗栱为同一规格（千佛殿始建于唐贞观年间，宋嘉祐和明嘉靖、万历年间重修，现存木结构为明代建筑）（图7–7、图7–8），这些建筑都与北京城内的明清建筑柱头科与平身科有明显区别。当时没有深究其原因，这次又看到了同样的斗栱，觉得有必要弄明白缘由了。

图7-1　文昌阁正面斗栱

图7-2　文昌阁侧面斗栱

图7-3
文昌阁脊桁底题记

创修于明万历四十六年（1618年），清顺治三年（1646年）重修。

图7-4　清远楼斗栱（河北宣化古城内）

图7-5　镇朔楼斗栱（河北宣化古城内）

图7-6　边靖楼斗栱（山西代县）

图7-7　灵岩寺千佛殿外景（山东省济南市万德镇）

图7-8　灵严寺千佛殿斗栱

这里对这些明代建筑物的柱头科斗栱与平身科斗栱的尺度、形制一致的问题作一探讨，包括两个方面：一是平身科与柱头科的尺度不变的缘由；一是北京城内明清建筑柱头科与平身科尺度变化的缘由。

二、平身科与柱头科尺度不变的来源

我国现存最早的木构建筑，应是山西五台山的南禅寺（建于唐代建中三年，公元782年）。这座建筑只在外檐的12颗檐柱的柱头上设置了斗栱，由座斗以上向外出三跳，在出跳两层华栱后，上置令栱，令栱上方承托着橑檐桁；在内侧出一跳，上承四椽栿。柱头之间的横向连接只有阑额（明清时称额枋）。柱头斗栱起到了增加出檐的作用，同时减少了四椽栿的跨度（图7-9、图7-10）。这里没有补间铺作（明清时称平身科）。

图7-9 南禅寺正面

图7-10　南禅寺柱头斗栱

同样在五台山的佛光寺（建于唐代大中十一年，公元857年）也是唐代建筑。每柱间有阑额连接，柱头上设置座斗，由座斗向外出两跳华栱、两层下昂，上昂之上置令栱，直托橑檐桁；在二层华栱上置瓜子栱和慢栱及罗汉枋，其构成与宋代《营造法式》的图示非常接近。在每间的正中还设置了补间铺作一朵。补间铺作没有座斗，只出跳两层华栱，上置慢栱、罗汉枋。这里要说明的是补间铺作的斗栱与柱头斗栱的栱、翘、升等的尺度是一致的，只是形制不同。这应是可见的最早的柱头斗栱与补间铺作斗栱的尺度相等的实物（图7-11、图7-12）。

辽代以后现存的建筑物比较多了，如天津市蓟县的独乐寺，建于辽统合二年（984年）。观音之阁的立面图中，可直接看到柱头科斗栱与补间铺作斗栱的形制不同，但各构件的尺度是相同的（图7-13）。现选择构造简单的山门为例说明。在山门的柱头上均置斗栱，柱头与柱头间有阑额相接，

图7-11
佛光寺匾额和柱头斗栱（山西五台山）

摘自《中国古代建筑技术史》。

图7-12
佛光寺斗栱图

摘自《中国古代建筑技术史》。

补间铺作的斗栱是在栌斗下设置蜀柱，而蜀柱直接立在阑额上（图7-14）。图中可见柱头铺作与补间铺作的栱、翘、升等在尺度上是一致的，在形制上是不同的。

山西省太原市的晋祠建于北宋天圣年间（1023～1032年）。这里的圣母殿和献殿，在柱头连接的阑额之外，还加设了普拍枋（明清时称平板枋），普拍枋上设置了斗栱。柱头斗栱与补间铺作斗栱尺度是一致的，如献殿（图7-15）。在斗栱形制上有区别的是圣母殿的抱厦，柱头斗栱的外侧出跳是重昂，昂的下口几乎是平出的，昂嘴头呈三角形，昂上有耍头、橑檐枋、橑檐槫；内侧出两跳华栱，直接承托在二椽栿下；而补间铺作斗栱的外侧出跳是单翘重昂，斜昂式样，内侧出三跳华栱，斜头昂的后尾为华栱，斜二昂直接承托在椽下，在斜昂的下方还设置了方木。这在宋代的斗栱中是少见的构件，似是明清以来的镏金斗栱的后尾所设置的托斗枋，只是尺度要瘦小得多。由此看柱头铺作与补间

图7-13　独乐寺观音阁正立面（天津蓟县）

图7-14　独乐寺山门斗栱

图7-15　晋祠献殿斗栱

铺作形制上还是有区别的，而升、昂等构件尺度是没有变化的。

元代的建筑有山西芮城永乐宫，创建于元中统三年（1262年）；河北曲阳北岳庙德宁之殿，重建于元世祖至元七年（1270年）。永乐宫的三清殿（即无极殿）在建筑的立面上，柱头斗栱与补间铺作的尺度是一致的。北岳庙的德宁之殿是重檐建筑，在檐柱间有阑额和柱头上的普拍枋。首层斗栱是重昂五踩斗栱，上层为单翘重昂七踩斗栱，设置了补间铺作。这里的柱头斗栱和补间铺作的斗栱尺度、式样也都是一致的（图7-16）。

上述所列唐到元代的斗栱中出现的柱头科斗栱与补间铺作斗栱，在用材尺度上是没有变化的，唐到辽代的斗栱只是

图7-16　北岳庙德宁之殿斗栱（河北曲阳）

斗栱式样上的变化，到元、明代所见柱头科斗栱与平身科斗栱的式样、尺度都是一致的，这应是历代以来做法的延续吧。因斗栱是安装在柱头上的，平身科斗栱是后来增加的，只在两柱间加以装饰，所以尺度没有变化。柱头斗栱已历经几百年，甚至上千年，基本没有见到柱头斗栱损毁情况，证明柱头斗栱的尺度在结构上是合理的。

三、文昌阁、清远楼、镇朔楼等几座明代建筑斗栱尺度不变的分析

柱头科斗栱与平身科斗栱尺度相同的缘由，一是历代延续使然，二是与其所在部位及其荷载有关。

以文昌阁柱头斗栱为例，外檐柱与金柱之间是由单步梁连接的，单步梁安装在柱头斗栱的二昂上，内侧安装在金柱

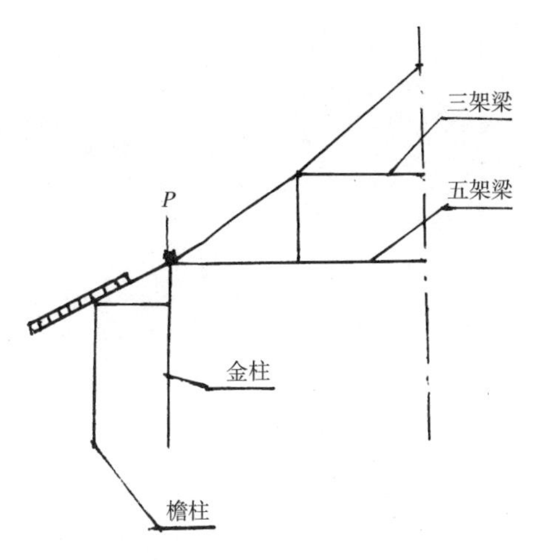

图7-17　单步梁受力简图

上。对这类建筑物的檐部斗栱的受力情况，可由简图说明（图7-17）：此缝架梁所承担的屋面重，风、雪载和木架自重加在一起为P，此P是直接给予了金柱，檐步范围内的荷载只是檐步架的1/2再加上出檐，这些荷载Q是檐下的斗栱应承担的。斗栱的间距是相等的，将屋面的荷载平分给每攒斗栱，檐下斗栱承担的荷载是相等的。柱头科斗栱上的荷载还需再加上单步梁的自重，这样，柱头科斗栱与平身科斗栱的荷载就不相等了。但作为有单步梁构架，加在柱头斗栱的荷载仅只是单步梁自重的1/2，是有限的，也是在斗栱的承载能力范围之内的。这样的柱头科与平身科采用同样尺度、同样规格式样的斗栱从形制上看似乎是不妥的，但几百年来，没有因为其承载力略有增加而出现问题，可见这样的柱头斗栱的承载能力是没有问题的。

在从构架来看，以上所列明代的几座建筑，都是有外廊的，檐柱与金柱间的连接采用的都是单步梁，这样外檐的斗栱无论柱头科还是平身科，都可以采取一致的尺度和形制。因为斗栱初期只安装在柱头上，平身科是为了取得檐下统一的艺术效果而增加的，在结构安全上是有保证的，几百年中也没有出现柱头斗栱的损坏或变形，尺度不变只是历史的延续，所以在明代京城以外的一些建筑也采取这个做法，是可以理解的。

四、京城内的明清建筑柱头科斗栱与平身科斗栱尺度变化的原因

故宫内的明、清两代建筑的柱头科斗栱与平身科斗栱尺度是不同的（图7-18）。

柱头科的斗、翘、昂都比平身科的尺寸加宽了许多。按照清《工程做法》，柱头科的座斗长4斗口；头昂宽2斗口；二昂宽3斗口；平身科的座斗长3斗口；头昂宽1斗口；二昂宽1斗口。从这些尺度可以看出柱头科的斗栱由座斗开始，是逐层加宽的，以加大梁头与斗栱的接触面。柱头科的座斗比平身科的座斗加长了1斗口，头昂加宽1斗口，二

图7-18　端门柱头斗栱

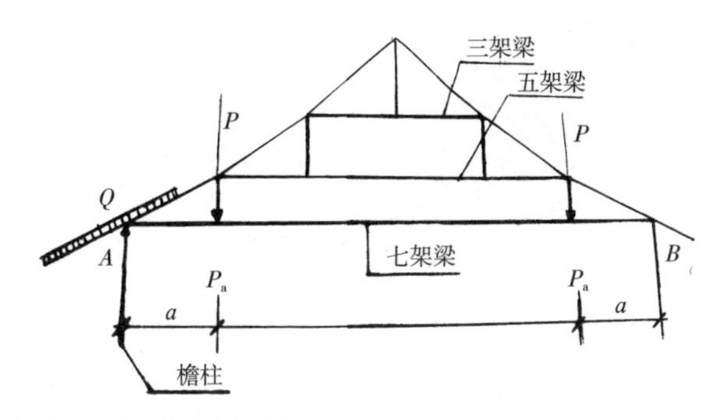

图7-19　七架梁构架受力简图

昂加宽2斗口，对其承载能力暂时不作计算。其加长、加宽的原因与构架形制有关，也与明代以来的“粗梁胖柱”的发展有关，这样才有了加强柱头斗栱的做法。

例如：一座七架梁的构架，加在檐部柱头斗栱上的荷载，即五架梁所应承担的荷载（屋面重，风、雪载和木架自重）与檐部斗栱应承受荷载的总和，其受力情况见图7–19。五架梁所承受的荷载由五架梁下的瓜柱直接传递到了七架梁，设为P，P分配到前后檐柱上的力为P_a。柱头斗栱的荷载，应为P_a+q（q为檐部均布荷载）。这时柱头斗栱的尺度再与平身科的尺度一致，显然是不合理的。

如果是庑殿顶或歇山顶建筑时，在两山部位往往有顺梁或扒梁，或是重檐建筑上层的童柱，这些部位的荷载也同样要加在檐柱头的斗栱上；建筑物体量过大，往往在檐部采用的是双步梁或三步梁的构架，这样在檐柱头的斗栱上增加的荷载，就更多了。

现以七檩构架、三步梁对金造的构架为例，做檐柱头斗栱受力情况简图（图7–20）。

在建筑的横剖面图中，屋架上的所有荷载是传递到三根柱子上的，前后檐柱的荷载是相同的。现在计算檐柱的荷载，如双步梁架以上的荷载总计为P（即本缝梁架所应承

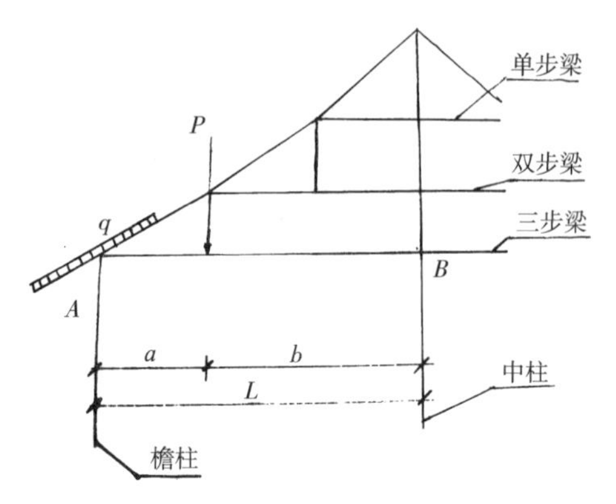

图7-20　对金造构架（三步梁）受力简图

担的屋面重，风、雪载和木架自重），P应分布在檐柱和中柱上，设檐柱斗栱为支座A，中柱安装三步梁的支座为B。P分在A支座的力为P_b/L，分在B支座的力为P_a/L。在A支座上所受到的力要大于B支座（因$b>a$），还要在A支座加上檐部的斗栱应承担的屋面荷载，假设给予斗栱的均布荷载为q，则A支座的荷载为$P_b/L+q$。显然柱头斗栱的荷载要远远大于檐部平身科的斗栱了，那么加大柱头科斗栱的各个构件是理所应当的。如柱头斗栱不予加大，则柱头斗栱将被压垮。所以京城内的宫殿建筑的斗栱中出现了明显的柱头科与平身科之分。

反之，宫殿建筑中也有许多的建筑带围廊，在檐柱与金柱之间有单步梁连接，柱头斗栱的荷载与文昌阁所述的荷载是同样的，为什么也会将柱头科斗栱加宽呢？笔者想这不仅是承载能力计算的问题，更是要在建筑外观上取得一定的艺术效果，所以在京城出现平身科与柱头科斗栱尺度不同。

以上仅是个人的分析认识。

结束语

北京故宫的宫殿建筑已六百岁了。它经历了风风雨雨，经历了无数次地震，其中大的地震有：清代康熙年间大地震[①]，记载最多的是康熙十八年（1679年）七月二十七日地震。这里摘录《白茂堂集》中的一段："京师地震，自西北起，飞沙扬尘，黑气障空，不见天日，人如坐破浪中，莫不倾跌。四野声如霹雳，鸟兽惊窜。平地拆开数丈，德胜门下裂一大沟，水如泉涌。房屋倾毁，压毙人民。"而皇宫中的建筑有记载的多是吻、兽、垂脊等的损失，没有墙倒屋塌之事。这是历史。我们这代人亲历的1966年河北邢台大地震、1976年唐山大地震，都严重地波及北京城，民房受损严重，但故宫内的建筑物只是轻微受伤。在我所勘察到的建筑中，见到的受损建筑多在波峰处（指地震波），也仅只是个别屋顶上的吻兽的卷尾被震掉，个别墙体松散，局部倒塌，而整座建筑物没有毁坏的。

中国古代木结构建筑有"墙倒屋不塌"的说法，在地震力作用下，损失是有限的，究其原因，应从所述宫殿建筑的构造中找答案，总结有以下几点：

1. 稳固的地基与基础。

2. 完整的木结构体系。

（1）木材本身就是弹性体；

（2）粗梁、胖柱；木构件的承载能力，在静力状态

---

① 见《清史稿》卷四十四："康熙七年五月癸丑子时京师地震，初七、初九、初十、十三又震；八年九月甲午寅时，京师地震有声。"

下只用了构件能力的30%或40%，而其余50%以上的冗余量完全可以抵御地震作用力等外力。[①]

（3）榫卯连接；木构架间都是榫卯连接，具有一定的活动余地，在大震中木构架间的摩擦发出强烈的嘎吱声响，这应是卸载的声音。事后检查没有因嘎吱的声响，造成榫卯损坏或新的脱榫现象[②]。

（4）斗栱的应用；斗栱所起到的是类似弹簧的作用。

3. 屋面：合理的自重；屋面瓦的预制构件完整组合。

4. 精密的施工工艺，精工细作的产品。

这样的建筑是要有很高的投入的，普通民房难以达到这个水准，所以在地震中民房、兵营损失很重。

又：笔者退休后已很少参与社会有关活动了。有了时间，便将几十年来所积累的资料整理出来，将个人对故宫建筑的认识与已写过的有关论述的摘要，集结成册。在整理过程中，有些图纸是故宫古建管理部提供的，有些照片是年轻同志帮忙拍照。为此曾与现任古建管理部的两位主任赵鹏同志、狄雅静同志商量，得到他们的大力支持。安排留学英国的硕士谢安平同志帮助办理提用故宫照片、图纸等事项的合同手续，补拍照片、整理木结构榫卯的图纸等。在此深深感谢几位同志的帮助。

---

① 本人在做寿皇门复原设计时，曾对一些构件做过静力分析，详见《紫禁城学会论文集》第三辑《寿皇门复原设计》。

② 历年勘察所见木构架脱榫的原因应是多方面的，地震力只是其原因之一。